中国石油安全监督丛书

物探专业安全监督指南

中国石油天然气集团有限公司质量安全环保部 编

石油工业出版社

内容提要

本书针对石油物探作业的工作实际，按照不同勘探地形、勘探方法和施工工序对安全监督内容、主要监督依据、监督控制要点、典型三违行为、典型案例分析等内容进行了描述。全书主要包括物探专业安全监督管理、物探专业现场作业安全监督要点、物探队安全管理监督要点、物探专业安全技术与方法等四部分内容，附录部分包括安全监督报告、报表及引用法律法规、制度、规程、标准、规范目录等。

本书可作为物探专业安全监督培训教材，同时也可作为物探专业 HSE 管理人员及员工的参考用书。

图书在版编目（CIP）数据

物探专业安全监督指南 / 中国石油天然气集团有限公司质量安全环保部编 .—北京：石油工业出版社，2018.9

ISBN 978-7-5183-2800-0

Ⅰ. ①物… Ⅱ. ①中… Ⅲ. ①油气勘探 – 地球物理勘探 – 安全生产 – 指南 Ⅳ. ① P618.130.8–62

中国版本图书馆 CIP 数据核字（2018）第 196356 号

出版发行：石油工业出版社

（北京安定门外安华里 2 区 1 号　100011）

网　　址：www.petropub.com

编辑部：（010）64523550　　图书营销中心：（010）64523633

经　　销：全国新华书店

印　　刷：北京晨旭印刷厂

2018 年 9 月第 1 版　2018 年 9 月第 1 次印刷

787×1092 毫米　开本：1/16　印张：15.75

字数：340 千字

定价：65.00 元

（如出现印装质量问题，我社图书营销中心负责调换）

版权所有，翻印必究

《物探专业安全监督指南》
编委会

主　任：张凤山
副主任：吴苏江　邹　敏
成　员：黄　飞　赵金法　周爱国　张　军　付建昌
　　　　赵邦六　吕文军　张　宏　张　帆　吴世勤
　　　　王行义　李国顺　李崇杰　佟德安　王其华
　　　　杨举勇　郭喜林　邱少林　刘景凯　郭立杰
　　　　杨光胜　张广智　饶一山　乐　彬

《物探专业安全监督指南》
编写组

主　　编：吴苏江　邹　敏
副 主 编：郭喜林　齐俊良　李文胜
编写人员：（按姓氏笔划排序）
　　　　　丁树成　王　青　王　钰　王　鑫　王仕心
　　　　　王桂兰　王维林　勾　辉　冯　文　乔新义
　　　　　刘　斌　杜　民　杜永华　李　民　李献勇
　　　　　杨　芳　吴明军　何　勇　张庆利　张军刚
　　　　　张国兴　张亮华　陈　忠　赵　伟　赵新怀
　　　　　郭红英　常宇清　韩　畅　靳　鹏　蒿　露

前言

安全"责任重于泰山"。无论你在什么岗位，无论职位高低都肩负着对国家、对社会、对企业、对朋友、对亲人的安全责任。每一个人都应充分认识到安全的极端重要性，不辜负社会之托、企业之托、亲人之托，都应将安全责任感融于自己的一切行为之中。

细节决定成败，正是那些被忽视的细节、不起眼的隐患苗头，往往酿成重大的安全事故。"千里之行，始于足下"，人人都要从自己最熟悉的、天天发生的操作细节入手，从看似简单、平凡的事情做起，扎实做好每一件事情，小心谨慎地排除每一个隐患，做到"不伤害自己、不伤害别人、不被别人伤害"，"勿以恶小而为之，勿以善小而不为"，从点滴做起，规范自己的一切行为。

安全监督是安全管理各项制度、规定、要求和各类风险控制措施在基层落实的一个重要控制关口，是安全监督人员依据安全生产法律法规、规章制度和标准规范，对生产作业过程是否满足安全生产要求而进行的监督与控制活动，是从安全管理中分离出来但与安全管理又相互融合的一种安全管理方式，是中国石油对安全生产实施监督、管理两条线，探索异体监督机制的一项创新。

石油地球物理勘探作业，涉及平原、沙漠、戈壁、山地、沼泽、黄土塬、高原、热带雨林、滩海、海洋等多种复杂地形，工作环境艰苦、气候条件恶劣多变，加之设备种类繁多、队伍高度分散、远离城镇与后方依托等不利因素，对健康（H）、安全（S）、环保（E）工作会造成严重的影响。因此，做好HSE管理工作，加强现场HSE监督，持续提高物探作业HSE管理水平尤为重要。

本书是中国石油安全监督丛书之一，由中国石油天然气集团有限公司质量安全环保部组织编写，主要针对物探作业的工作实际，根据不同地形、不同施工工序、方法，从安全监督内容、主要监督依据、监督控制要点、典型三违行为、典型案例分析等内容进行描述。初稿由张国兴、杜永华、张亮华、陈忠、刘斌、何勇、冯文、张庆利、李民、丁树成、杨芳、王鑫、王维林等编写。结合试用过程中提出的修改建议和意见，本次修订由杜民、李献勇、常宇清、靳鹏、王钰、王仕心、杜永华、乔新义、吴明军、张军刚、王青、郭红英、赵新怀、勾辉、赵伟、王桂兰、蒿露、韩畅等执笔。中国石油东方地球物理公司、大庆油田有限责任公司、川庆钻探工程有限公司和安全环保技术研究院有限公司给予大力支持，在此一并表示感谢！

由于编写人员水平所限，书中难免有不足和错误之处，敬请读者批评指正，并提出宝贵意见，以利于在今后的应用实践和理论探索中不断进步。

编者

2018 年 6 月 6 日

目 录

第一章　物探专业安全监督管理 ··· 1
- 第一节　物探技术简述 ·· 1
- 第二节　石油物探行业的安全管理特点 ···································· 2
- 第三节　安全监督机构设置及人员管理 ···································· 2
- 第四节　物探专业安全监督工作流程 ······································ 6

第二章　物探专业现场作业安全监督要点 ································ 11
- 第一节　陆上地震作业工序安全监督 ····································· 11
- 第二节　滩海地震作业工序安全监督 ····································· 67
- 第三节　非地震作业工序安全监督 ······································· 99
- 第四节　生产辅助环节安全监督 ·· 107
- 第五节　高风险作业的旁站监督 ·· 167

第三章　物探队安全管理监督要点 ····································· 173
- 第一节　HSE 体系管理 ·· 173
- 第二节　双重预防机制建设 ·· 178
- 第三节　履职能力评估 ·· 181
- 第四节　安全生产教育培训 ·· 183
- 第五节　承包商管理 ·· 187
- 第六节　变更管理 ·· 188
- 第七节　职业健康管理 ·· 188
- 第八节　事故、事件报告与分析 ·· 191

第四章　物探专业安全技术与方法 193
第一节　机械安全 193
第二节　电气安全 200
第三节　防火防爆 208
第四节　防雷防静电 210
第五节　常用工具方法 212

附录 229
一、安全监督报告、报表 229
二、引用法律法规、制度、规程、标准、规范目录 241

第一章　物探专业安全监督管理

安全监督是安全监督机构和安全监督人员依据安全生产法律法规、规章制度和标准规范,对生产经营单位和作业人员的生产作业过程是否满足安全生产要求而进行的监督与控制活动。现场监督人员是企业安全管理的眼睛,对企业安全管理的正确决策发挥着至关重要的作用,监督员的管理、工作流程、工作方式、工作方法等是否合理、有效非常关键。本章简述了地球物理勘探方法和物探行业的安全管理特点,并以此为依据,从监督机构设置、监督机构职责、监督员管理、监督员职责、监督流程、监督内容、监督方案制订等方面进行了要求和规范。

第一节　物探技术简述

物探是地球物理勘探的简称,它根据物理现象对地质体或地质构造做出解释并推断出结果。这种以岩石间物理性质差异为基础,以物理方法为手段的油气勘探技术,称为地球物理勘探技术。地球物理勘探方法主要包括地震勘探、重力勘探、磁法勘探和电法勘探。

一、地震勘探

地震勘探是指利用人工激发的地震波在弹性不同的地层内传播规律来勘探地下的地质情况的方法。当地面某处激发的地震波向地下传播时,遇到不同弹性的地层分界面就会产生反射波或折射波返回地面,用专门的仪器可记录这些波,分析所得记录的特点,通过专门的计算或仪器处理,测定这些界面的深度和形态,就可判断地层的岩性,这是勘探含油气构造的主要物探方法。

二、重力勘探

通过观测不同岩石引起的重力差异,了解地下地层的岩性和起伏状态的方法,称为重力勘探。油气生成于沉积盆地,应用重力勘探可以确定沉积盆地范围。

三、磁法勘探

通过观测不同岩石的磁性差异,了解地下岩石情况的方法,称为磁力勘探。在沉积盆地中,往往会分布着各种磁性地质体,磁力勘探可以圈定其范围,确定其性质。

四、电法勘探

通过观测不同岩石的导电性差异,了解地下地层岩石情况的方法,称为电法勘探,与油气有关的沉积岩往往导电性良好,应用电法勘探可以寻找和确定这类地层。

第二节　石油物探行业的安全管理特点

物探行业的作业区域涉及沙漠、戈壁、山地、城镇、水域、海洋等。地球物理勘探主要工作环节由测量、激发、数据采集、资料处理、资料解释等构成。根据物探方法的不同,在激发方面有人工激发地震波,激发手段有震源弹爆破激发、可控震源激发、气枪激发等;在数据采集方面有地震仪器采集、重磁力仪器采集、电法仪器采集等。物探作业存在环境恶劣、高危工序多、流动性大、用工形式多样等特点,风险和管理难点主要表现在以下几个方面:

（1）作业环境恶劣带来的风险:自然灾害,恐怖袭击,坠落,淹溺,迷失等。

（2）高危工序带来的风险:民爆物品丢失,爆炸,触电,机械伤害等。

（3）流动作业带来的风险:交通伤害,火灾,食物中毒,地方病、流行病等。

（4）多种用工形式带来的风险:季节性用工和承包商用工人员多,员工技能难以保证,增加了管理难度。

第三节　安全监督机构设置及人员管理

企业应当根据生产经营特点、从业人员数量、作业场所分布、风险程度等实际,配备满足安全监督工作需要的监督人员,并统一管理。

一、安全监督机构与职责

根据《中华人民共和国安全生产法》(主席令第 13 号,2014 年)、《中国石油天然气集团公司安全监督管理办法》(中油安〔2010〕287 号)的有关规定,中国石油天然气集团有限公司(以下简称集团公司)及所属企业要按照有关规定设置安全总监(含安全副总监),统一负责集团公司及其所属企业安全监督工作的组织领导与协调。油气田、炼化生产、工程技术服务、工程建设等企业要设立安全监督机构,其他企业根据安全监督工作需要可以设立安全监督机构,并为其履行职责提供必要的办公条件和经费;所属企业下属主要生产单位和安全风险较大的单位,可以根据需要设立安全监督机构;安全监督机构对本单位行政正职、安全总监负责,接受同级安全管理部门的业务指导。

安全监督机构主要职责包括制订并执行年度安全监督工作计划;指派或者聘用安全监督人员开展安全监督工作;负责安全监督人员考核、奖惩和日常管理;定期向安全环保部门及安全总监报告监督工作,及时向有关部门通报发现的生产安全事故隐患和重大问题,并提出处理建议。

二、安全监督机构运行管理

安全监督机构要定期对作业现场安全监督人员的工作情况进行检查和考核,协调解决监督人员工作中遇到的困难和问题,定期对监督信息进行汇总分析,对安全管理现状进行研判。

(一)安全监督人员的聘任程序

安全监督机构提出聘任监督人员的需求;人事部门会同相关部门审查、考核拟聘监督人员;人事部门批准,下达聘任文件或者与受聘监督人员签订聘任合同。

(二)安全监督人员的资格培训与资质认可

集团公司对安全监督人员实行资格认可制度,安全监督人员由所属企业组织审查和申报,由集团公司统一组织资格培训,经考试、考核合格后发给培训合格证书,取得上岗资格。安全监督资格每3年进行一次复训,考试合格的继续有效。

(三)安全监督人员的选派

安全监督机构应根据被监督项目的性质、规模及上级相关要求,委派具备相应资质的安全监督人员实施监督工作。安全监督人员进驻现场前,监督机构应对重点工作进行提示和要求。

安全监督实行派出制。二级单位在物探队营地建设前(第一批员工出发前)向安全监督机构提出监督申请。监督机构根据项目实际情况确定监督人选,以委派书的形式向项目委派。

当安排2名或2名以上安全监督人员在同一个项目工作时,安全监督机构应指定其中一名为负责人,并明确各自的监督职责。

(四)会议及培训

安全监督机构定期组织召开监督例会,通报安全监督现场工作情况,传达上级文件,对监督工作提出要求;每年组织召开年度监督工作会议,总结经验,查找不足,安排部署年度重点工作。

安全监督机构应定期对安全监督集中业务培训,主要培训内容包括:现场监督技能与技巧、主要风险识别与监督、信息化系统应用、上级要求和其他专业知识等。安全监督机构应对培训效果进行评价。

(五)分析、研判与上报

安全监督机构要定期收集监督人员的日常监督信息,并结合实际,对信息及时分析,对企业安全管理现状与趋势进行研判,并将结果及合理化建议报企业安全管理部门。

(六)安全监督工作的检查与考核

安全监督机构要通过现场检查与信息核查等方式验证监督计划的落实、现场问题发现与反馈和监督效果等。

安全监督人员的考核分项目考核和年度综合考核。对项目的考核包括监督机构的考核和被监督方的评价。安全监督机构在项目结束后,对安全监督人员从组织纪律、敬业精神、工作能力、工作表现等方面进行考核;被监督方从组织纪律、敬业精神、业务水平、团队精神等方面对安全监督人员进行评价。年终,根据安全监督人员各个项目的考核成绩、日常表现进行一次综合业绩考评,考评成绩作为年终评选先进的主要依据,以及作为下一年度聘任HSE监督员的主要条件。

(七)沟通协调与异议处理

安全监督机构和现场监督人员应建立与被监督单位的工作沟通和协调渠道,通过会议、座谈和情况通报等方式,协调各项工作。被监督单位或者人员对安全监督结果产生异议的,可以向安全监督机构和安全管理部门提出复议。

三、安全监督人员管理

(一)安全监督人员的基本条件

物探专业安全监督人员应当具有大专及以上学历,并从事物探专业相关的技术工作5年及以上;同时接受过安全监督专业培训,掌握安全生产相关法律法规、规章制度和标准规范,并取得安全监督资格证书;热爱安全监督工作,责任心强,有一定的组织协调能力和文字、语言表达能力。

安全监督人员应当遵纪守法、尊重民俗;信守合同、保守秘密;敬业诚信、恪尽职守;严以律己、敢于负责;客观公正、文明服务。

（二）安全监督人员的职责

安全监督人员的主要职责是接受委派负责作业现场安全监督，对被监督单位执行法律法规、标准规范和规章制度、操作规程等情况进行监督，查纠"三违"行为，督促隐患整改，做好监督记录，定期报告工作情况等。

具体包括但不限于以下职责：

（1）负责监督有关法律、法规及HSE政策在项目的宣贯及落实情况。

（2）负责监督行业标准、企业标准以及企业各项HSE管理规定在项目的执行情况。

（3）负责监督HSE管理体系在项目的运行和企业HSE重点工作的落实情况。

（4）负责督促项目及时纠正违章行为、消除事故隐患。

（5）负责协助项目分析HSE管理工作中存在的问题，指导项目持续改进HSE管理。

（6）负责及时向被监督项目领导通报发现的问题及相关HSE信息。

（7）按时完成监督方案、周监督计划编制与上报，及时记录监督日志和上报监督周报。

（8）按要求使用好监督信息管理平台。

（9）监督任务完成后及时做好监督总结，并向监督机构提交相关资料。

（10）完成监督机构交办的其他工作。

（三）安全监督人员的权利

安全监督人员所能行使的主要权利有：

（1）有权参加被监督单位的各种相关会议。

（2）有权对被监督单位的HSE管理工作业绩考评及被监督单位内部组织的HSE管理工作评比提出建议。

（3）有权制止违章作业、违章指挥、违反劳动纪律等行为。

（4）有权停止违章人员、机组、班组的生产活动。

（5）当发现有危及人身安全或可能引发重大及以上事故隐患时，有权立即停止生产活动，并责令整改，同时上报监督机构。

（6）有权对被监督单位的违章现象和违章人员按公司有关规定提出处罚建议。

（四）安全监督人员的工作内容

根据《中国石油天然气集团公司安全监督管理办法》（中油安（2010）287号）的有关规定，现场安全监督与区域巡回监督主要有以下工作内容：

现场安全监督工作内容包括但不限于：

（1）查验分包商资质、人员资格、安全合同、安全生产规章制度建立和安全组织机构设立、安全监管人员配备等情况。

（2）检查作业前危害分析、班组安全活动开展、风险控制与应急措施落实、劳动防护用品配备与使用、规章制度与操作规程执行、事故隐患整改等情况。

（3）检查施工作业组织、作业条件与环境、技术交底、安全技术措施落实和危害告知等情况。

（4）特殊作业、关键操作、异常生产情况处理等危险施工作业，监督作业许可办理和安全措施落实。

（5）其他需要监督的内容。

区域巡回监督工作内容包括但不限于：

（1）法律法规、标准规范及规章制度等执行情况。

（2）危害辨识、风险削减及控制措施落实情况。

（3）设备、设施、装置、工具完整性及安全防护措施落实情况。

（4）现场标准化、规范化执行情况。

（5）培训教育计划落实及特种作业管理情况。

（6）事故隐患整改、重大危险源监控措施落实及应急演练情况。

（7）现场监督职责履行情况。

（8）其他需要进行监督的活动。

四、思考题

（1）物探项目应在什么时间节点向安全监督机构提出监督申请，为什么？

（2）当安排2名或2名以上安全监督人员在同一个项目工作时，安全监督机构是否应指定一名负责人，为什么？

（3）安全监督有哪些职责？

（4）安全监督有哪些权利？

（5）物探企业安全监督主要监督哪些内容？

第四节　物探专业安全监督工作流程

根据物探项目的特点、风险和HSE管理的难点，物探安全监督需全面了解项目的地形地貌、气候特点、人文环境、工序构成，全面掌握项目各个工序存在的安全风险，监督好中高风险管控措施的落实，制订系统的监督方案，编制科学、合理的监督计划。

一、接受任务

（1）了解项目的地理位置、工作量、施工方法及生产计划等。

（2）搜集项目及周边地区以往的勘探资料，如踏勘报告、总结、风险评估报告等。

（3）搜集项目区域的地表、交通、通信、气象、民族风俗及卫生防疫等信息。

（4）准备开展监督工作所需的资源，如办公用品、文件图表、成像设备、监测设备等。

二、前期准备

（1）进驻项目施工单位。

（2）熟悉施工计划、作业方法、工序流程等。

（3）熟悉项目安全组织机构、安全管理人员和安全管理方式。

（4）参与项目踏勘，了解主要风险及控制措施。

（5）熟知项目HSE作业计划书。

（6）获取项目执行的文件（关注项目合同文本对HSE的要求）。

（7）了解主要人员构成和设备配置。

三、制订监督方案

为了保证监督工作的有序开展，监督人员应根据项目实际制订监督方案，包括以下相关内容。

（一）项目概况

（1）基本情况。

（2）自然环境。

（3）地表及地下设施。

（4）社会人文。

（5）行政许可与区域准入。

（6）人员配置。

（7）设备设施配备。

（8）营地情况。

（9）项目难点。

（二）监督依据

（1）与项目相关的法律、法规和条例。

(2)与项目相关的当地政府的要求和行政许可事项。

(3)与项目相关的行业标准,企业的规章制度等。

(三)监督方式和程序

方式:现场检查,人员访谈,资料查阅,旁站监督。

工作流程:接受任务,前期准备,编写方案,开工验证,监督实施,交流跟踪,监督总结。

工作程序:发现问题,沟通确认,信息传递,跟踪整改,验证关闭。

(四)监督内容

包括但不限于以下内容:危害因素辨识、风险评估、控制措施制订情况,目标和指标设置,作业计划、管理方案编制,组织结构设置和职责落实,资源配置,培训和能力评估,营地建设,工序控制,危险化学品管理、交通管理等其他专项管理,承包商管理,作业许可管理,应急管理,营地拆迁,人员遣散等。

(五)时间安排

结合项目的生产计划制订。

(六)施工各阶段监督重点

生产准备阶段应包括以下内容的验证和现场监督:

(1)危害因素辨识、风险评估、控制措施制订情况。

(2)目标和指标。

(3)管理方案(作业计划、搬迁计划等)。

(4)组织结构和职责。

(5)资源配置。

(6)能力培训和意识。

(7)应急管理。

(8)营地建设。

(9)承包商入队验收。

施工生产阶段应包括各工序、主要风险管控措施落实的现场监督:

(1)测量。

(2)钻井。

(3)表层调查。

(4)震源。

(5)放线。

（6）采集。

（7）清线。

（8）民爆物品管理。

（9）交通安全管理。

（10）消防安全管理。

（11）用电安全管理。

（12）食品安全管理。

（13）安保防恐管理。

（14）承包商管理。

（15）环境保护管理。

（16）职业健康管理。

（17）事故事件管理。

项目收尾阶段应包括以下内容的跟踪和现场监督：

（1）营地拆迁。

（2）人员遣散。

（3）设备搬迁。

旁站监督应包括以下作业的现场监督：

（1）高危作业及非常规作业的旁站监督。

（2）高风险工序的旁站监督。

（3）四新作业的旁站监督。

（4）升级管理的旁站监督。

（七）变更情况说明

具体变更在周监督计划中体现。

（八）记录

（1）检查记录。

（2）会议记录。

（3）备忘录、隐患整改通知单及整改回复。

（4）周报。

（5）事故事件报告。

（6）监督日志。

（7）图片库。

（8）监督总结。

提示：海上勘探项目和非地震勘探项目参照本方案及实际项目施工工序制订监督工作方案。

四、监督实施

（1）前期验证：验证监督方案中生产准备阶段需要关注的九项内容。

（2）运行计划：按照监督方案，每周根据项目生产进度和主要风险分布情况，编制周监督计划并实施，形成监督日志、检查表、报告等文件。

五、交流跟踪

（1）跟踪、反馈上级要求的落实情况。

（2）对需要整改的事项进行跟踪，对 HSE 管理经验做法进行分享。

六、监督总结

内容包括但不限于以下内容：安全监督工作概述、任务目标完成情况评价、经验与体会、安全监督工作中存在的问题及改进意见和建议等。

七、思考题

（1）监督方案包含哪几部分内容（写到二级标题）？

（2）在项目准备阶段，监督需要前期验证哪些事项？

（3）旁站监督的内容？

第二章 物探专业现场作业安全监督要点

本章主要依据国家标准、行业标准、集团公司相关管理制度编写而成。从陆上地震作业、滩海地震作业、非地震作业、生产辅助环节、非常规作业和高危作业的作业许可五部分入手，对不同类型作业各工序重点风险的监督控制要点进行详细阐述，并列举了典型的"三违"行为与案例，为安全监督人员更好地履职尽责提供指南。

第一节 陆上地震作业工序安全监督

陆上地震作业主要野外工序包括测量、推路、表层调查、钻井作业、炸药包制作与下药、收放线、井炮激发、可控震源激发、清线等九部分。下面对每道工序从监督内容、主要监督依据、监督控制要点、典型"三违"行为等方面进行详细描述。

一、测量

测量作为陆上地震作业的首道工序，主要任务是记录测量数据，将设计中规定的激发点与接收点实际布置到作业区域，并做出临时标记，绘制测量草图。

（一）监督内容

（1）岗位 HSE 培训和岗位技术培训情况，本岗位 HSE 技能掌握情况。
（2）安全职责和属地职责的履行情况。
（3）班前会执行情况。
（4）劳动防护用品的配备和使用情况。
（5）交通安全管理的执行情况。
（6）安全活动和安全检查的实施情况。
（7）属地内设备设施完整有效性。
（8）应急演练、应急处置、应急物资配备。

（二）主要监督依据

《中华人民共和国石油天然气管道保护法》（主席令第 30 号，2010 年）；
《中华人民共和国文物保护法》（主席令第 28 号，2015 年）；

《中华人民共和国野生动物保护法》（主席令 12 届第 47 号，2016 年）；
《中华人民共和国野生植物保护条例》（国务院令第 204 号，1996 年）；
《中华人民共和国铁路安全管理条例》（国务院令第 639 号，2013 年）；
《非煤矿山外包工程安全管理暂行办法》（安监总局令第 62 号，2013 年）；
《中国石油天然气集团公司安全监督管理办法》（中油安〔2010〕287 号）；
SY/T 6276—2014《石油天然气工业 健康、安全与环境管理体系》；
Q/SY 1124.1—2012《石油企业现场安全检查规范 第 1 部分：物探地震作业》；
Q/SY 1238—2009《工作前安全分析管理规范》。

（三）监督控制要点

（1）监督检查施工设计中对有关"技术交底"的收集与传递应符合文件要求。

> 监督依据标准：《非煤矿山外包工程安全管理暂行办法》（安监总局令第 62 号，2013 年）、《中国石油天然气集团公司安全监督管理办法》（中油安〔2010〕287 号）。
>
> 《非煤矿山外包工程安全管理暂行办法》（安监总局令第 62 号，2013 年）：
>
> 第十三条 发包单位应当向承包单位进行外包工程的技术交底，按照合同约定向承包单位提供与外包工程安全生产相关的勘察、设计、风险评价、检测检验和应急救援等资料，并保证资料的真实性、完整性和有效性。
>
> 《中国石油天然气集团公司安全监督管理办法》（中油安〔2010〕287 号）：
>
> 第三十条第三款 检查施工组织、作业条件与环境、技术交底、安全技术措施落实和危害告知等情况。

（2）作业前检查测量作业人员相关资质。

> 监督依据标准：SY/T 6276—2014《石油天然气工业 健康、安全与环境管理体系》。
>
> 5.4.4 能力、培训和意识
>
> 组织应建立、实施和保持程序，以实现对于其工作可能产生健康、安全与环境风险和影响的所有人员，应具有相应的工作能力。在教育、培训和（或）经历方面，组织应对其能力做出适当的规定，并对员工完成工作的能力进行定期的评估。
>
> 组织应确定与健康、安全和环境风险及健康、安全和环境管理体系相关的培训需求，并根据培训计划提供培训或采取其他措施来满足这些需求，对培训效果进行评估并采取改进措施。培训程序应考虑不同层次的职责、能力和文化程度以及风险。组织应对管理人员、岗位操作人员、相关方的作业人员、来访人员根据培训需求和法规要求进行教育培训及告知。

组织确保处于各有关职能部门和管理层次的员工都意识到：

a）符合健康、安全与环境方针、程序和健康、安全与环境管理体系要求的重要性。

b）在工作活动中实际的或潜在的健康、安全与环境风险，以及个人工作的改进所带来的健康、安全与环境效益。

c）在执行健康、安全与环境方针和程序中，实现健康、安全与环境管理体系要求，包括应急准备和响应（见5.5.10）方面的作用和职责。

d）偏离规定的运行程序的潜在后果。

（3）测量作业人员劳动防护用品穿戴和使用情况。

> 监督依据标准：SY/T 6276—2014《石油天然气工业　健康、安全与环境管理体系》。
> 5.5.6　职业健康
> 组织应建立、实施和保持程序，为工作场所的人员提供符合职业健康要求的工作环境和条件，配备与职业健康保护相适应的设施、工具和个人劳动防护用品，定期对作业场所职业危害进行检测，对相关人员组织健康体检。对可能发生急性职业危害的有毒、有害工作场所，应采取应急准备和相应措施（见5.5.10）。
> 组织应对工作场所的人员进行职业危害告知，并对存在严重职业危害的作业岗位现场设置职业危害警示和警示说明。
> 组织应按法规要求进行职业危害因素申报。

（4）班前会召开情况。

> 监督依据标准：Q/SY 1238—2009《工作前安全分析管理规范》。
> 5.4.2　作业前应召开班前会，进行有效的沟通，确保：
> ——让参与此项工作的每个人理解完成该工作任务所涉及的活动细节及相应的风险、控制措施和每个人的职责；
> ——参与此项工作的人员进一步识别可能遗漏的危害因素；
> ——如果作业人员意见不一致，异议解决后，达成一致，方可作业；
> ——如果在实际工作中条件或者人员发生变化，或原先假设的条件不成立，则应对作业风险进行重新分析。

（5）测量施工作业现场应符合以下要求：

① 应及时编制和提交测线草图，距测线200m内地下（表）的高压线、铁路、桥梁、涵洞、油气管线、光缆和勘探禁区等重要设施，测线及测线道路遇到的枯井、松散地形、断崖、陡

坡、急弯、河流、沼泽等危险点源,以及区内道路均应在草图上标注。

② 距高压输电线路 25m 内不应设置炮点。

③ 测量施工作业现场的基础设施、设备和材料符合并能满足危害因素辨识、风险评价和确定必要的风险控制和削减措施的要求。

④ 测量工序完成后为下一道工序所设立的各种标识应醒目、有效。

⑤ 尽量保护植被,禁止动火。

⑥ 遇有雷雨时,禁止 RTK 作业。

监督依据标准:《中华人民共和国野生动物保护法》(主席令12届第47号,2016年),《中华人民共和国文物保护法》(主席令第28号,2015年)《中华人民共和国石油天然气管道保护法》(主席令第30号,2010年),《中华人民共和国野生植物保护条例》(国务院令第204号,1996年),《中华人民共和国铁路安全管理条例》(国务院令第639号,2013年),Q/SY 1124.1—2012《石油企业现场安全检查规范 第1部分:物探地震作业》,SY/T 6276—2014《石油天然气工业 健康、安全与环境管理体系》。

《中华人民共和国野生动物保护法》(主席令12届第47号,2016年):

第六条 任何组织和个人都有保护野生动物及其栖息地的义务。禁止违法猎捕野生动物、破坏野生动物栖息地。

《中华人民共和国文物保护法》(主席令第28号,2015年):

第十七条 文物保护单位的保护范围内不得进行其他建设工程或者爆破、钻探、挖掘等作业。但是,因特殊情况需要在文物保护单位的保护范围内进行其他建设工程或者爆破、钻探、挖掘等作业的,必须保证文物保护单位的安全,并经核定公布该文物保护单位的人民政府批准,在批准前应当征得上一级人民政府文物行政部门同意;在全国重点文物保护单位的保护范围内进行其他建设工程或者爆破、钻探、挖掘等作业的,必须经省、自治区、直辖市人民政府批准,在批准前应当征得国务院文物行政部门同意。

《中华人民共和国石油天然气管道保护法》(主席令第30号,2010年):

第二十九条 禁止在本法第五十八条第一项所列管道附属设施的上方架设电力线路、通信线路或者在储气库构造区域范围内进行工程挖掘、工程钻探、采矿。

第三十三条 在管道专用隧道中心线两侧各1000m地域范围内,除本条第二款规定的情形外,禁止采石、采矿、爆破。

在前款规定的地域范围内,因修建铁路、公路、水利工程等公共工程,确需实施采石、爆破作业的,应当经管道所在地县级人民政府主管管道保护工作的部门批准,并采取必要的安全防护措施,方可实施。

第三十五条　进行下列施工作业,施工单位应当向管道所在地县级人民政府主管管道保护工作的部门提出申请:

(一)穿跨越管道的施工作业;

(二)在管道线路中心线两侧各5~50m和本法第五十八条第一项所列管道附属设施周边100m地域范围内,新建、改建、扩建铁路、公路、河渠,架设电力线路,埋设地下电缆、光缆,设置安全接地体、避雷接地体;

(三)在管道线路中心线两侧各200m和本法第五十八条第一项所列管道附属设施周边500m地域范围内,进行爆破、地震法勘探或者工程挖掘、工程钻探、采矿。

县级人民政府主管管道保护工作的部门接到申请后,应当组织施工单位与管道企业协商确定施工作业方案,并签订安全防护协议;协商不成的,主管管道保护工作的部门应当组织进行安全评审,做出是否批准作业的决定。

《中华人民共和国野生植物保护条例》(国务院令第204号,1996年):

第九条　国家保护野生植物及其生长环境。禁止任何单位和个人非法采集野生植物或者破坏其生长环境。

《中华人民共和国铁路安全管理条例》(国务院令第639号,2013年)

第三十四条　在铁路线路两侧从事采矿、采石或者爆破作业,应当遵守有关采矿和民用爆破的法律法规,符合国家标准、行业标准和铁路安全保护要求。

在铁路线路路堤坡脚、路堑坡顶、铁路桥梁外侧起向外各1000m范围内,以及在铁路隧道上方中心线两侧各1000m范围内,确需从事露天采矿、采石或者爆破作业的,应当与铁路运输企业协商一致,依照有关法律法规的规定报县级以上地方人民政府有关部门批准,采取安全防护措施后方可进行。

Q/SY 1124.1—2012《石油企业现场安全检查规范　第1部分:物探地震作业》:

4.1.2.9　测量组长

——就测线穿越区域的危险点源、建(构)筑物和公共设施的信息向主管队领导进行反馈,并提出安全生产建议。

——负责组织本班组的应急演练、应急处置和应急物品的管理。

4.1.2.10　测量员

——辨识测线及附近区域内的隐患(危害因素)。

——在测量草图中标注测线穿越的危险地段、建(构)筑物、公共设施及隐患(危害因素)。

4.2.2　班组安全检查或互检要点

现场作业安全检查主要内容见表A.8。

表A.8给出了工序作业控制检查内容：

——距测线200m内地下(表)的高压线、铁路、桥梁、涵洞、油气管线和光缆等重要设施，测线及测线道路遇到的枯井、松散地形、断崖、陡坡、急弯、河流、沼泽等危险点源，以及区内道路均应在草图上标注。

——距离高压线25m内不应设置炮点。

——前后标杆员或独立岗位人员应配对讲机。

——在没有道路的沙漠荒野工区，应设置工区边缘至营地、测线路标，地形起伏大的路段应加密路标。

SY/T 6276—2014《石油天然气工业 健康、安全与环境管理体系》：

5.3.1 危害因素辨识、风险评价与风险控制措施的确定

组织应建立、实施和保持程序，用来确定其活动、产品或服务中能够控制或能够施加影响的健康、安全与环境危害因素，以持续进行危害因素辨识、风险评价和实施必要的风险控制和削减措施。这些程序应考虑：

a）常规和非常规的活动。

b）所有进入工作场所的人员的活动。

c）人的行为、能力和其他人为因素。

d）已识别的源于工作场所外，能够对工作场所内组织控制下的人员产生不利影响的危害因素。

e）在工作场所附近，由组织控制下的相关活动所产生的危害因素。

f）由本组织或外界所提供的工作场所的基础设施、设备和材料。

g）组织及其活动、材料的变更，或计划的变更。

h）健康、安全与环境管理体系的更改包括临时性变更等，及其对运行、过程和活动的影响。

i）任何与风险评价和实施必要控制措施相关的适用法律义务。

j）对工作区域、过程、装置、设备、操作程序和工作组织的设计，包括其对人的能力的适应性。

k）资产并购和剥离。

l）事故及潜在的危害和影响。

m）以往活动的遗留问题。组织用于危害因素辨识和风险评价的方法应：

　　1）依据风险和影响的范围、性质和时机进行界定，以确保其是主动的而非被动的。

2）规定判别准则,进行风险分级,识别出可通过风险管理措施来削减或控制的风险和影响。

3）与运行经验和所采取的风险控制措施的能力相适应。

4）为确定设施完整性要求、识别培训需求和(或)开展运行控制、监视和测量提供输入信息。

在确定控制措施或考虑变更现有控制措施时,应按如下顺序考虑降低风险:

a）消除。

b）替代。

c）工程控制措施。

d）标志、警告和(或)管理控制措施。

e）个体防护装备。

组织应将危害因素辨识、风险评价和确定控制措施的最新结果形成文件并予以保存。

在建立、实施和保持健康、安全与环境管理体系时,组织应确保对健康、安全与环境风险和影响以及确定的控制措施加以考虑。

组织应对危害因素辨识、风险评价和风险控制过程的有效性进行评审,并根据需要进行改进。

组织应对排查出的事故隐患进行分级管理,制订方案,落实整改措施、责任、资金、时限等,并对隐患整改效果进行评价。

组织应对辨识、评估确定的重大危险源,实施分级监控管理。

（四）典型"三违"行为

（1）高压线 25m 内、悬崖、水渠、油气管网、文物古迹安全距离内设置炮点。

（2）乘车时不系安全带。

（3）在车下躺卧休息。

（4）山地施工员工不正确使用登山设备、不穿合格的登山鞋。

（5）违规携带烟火。

（6）生产废弃物随意丢弃。

（7）油漆与其他易燃物品混放、运输。

（8）作业时未按制订的风险控制措施实施,或在实施过程中简化操作流程。

（五）典型案例

水库坝基违规布设炮点,爆破后导致坝体受损。

1. 简要经过

1991年3月18日,某地调处的一支物探队在猪头山区域进行地震勘探作业,在猪头山水库保护范围内违规布设炮点52口,爆破后造成坝体背水坡出现3条裂缝,其中最长的一条长达65m,宽0.012m,爆破10日后坝脚多处出现挟沙水流,涌沙现象明显。事后,当地水行政主管单位对该地震队做出了罚款1万元,赔偿大坝修复款17万元的处理决定。

2. 主要原因

(1)违规布设炮点。

(2)法律意识淡薄,人员培训不到位。

(3)工序互检制度未有效落实。

3. 事故教训

(1)管理者、设计人员应提高对"管工作必须管安全"的认识。

(2)加强业务知识学习,提高业务能力。

(3)持续培训,增强管理与操作人员的责任心。

4. 事件启示

一切事故都是可预防的,"安全源于设计",只有各工序作业人员增强责任心,提高责任意识,切实履行自己的安全职责,才能不断地发现隐患、排查隐患、整改隐患,才能有效地监督检查隐患整改的效果。

(六)思考题

(1)如何从源头上控制事故的发生?

(2)工序自检与互检的目的是什么?

(3)为什么要绘制测量草图?

二、推路作业

推路作业是指按测线走向和测量实地放样标志,开辟施工车辆通行道路。推路作业产生的噪声、粉尘、振动可对作业人员健康造成伤害;对野生动(植)物、文物古迹等可能造成影响;违章作业也可造成人员伤害。若作业完成质量未能满足后序工序的施工要求,则易造成后序施工车辆的交通安全等事故。

(一)监督内容

(1)推土机作业人员的培训和持证上岗情况。

(2)安全职责和属地职责的履行情况。

(3)班前会执行情况。

(4)职业病防护和劳动防护用品的配备、使用情况。

(5)安全活动和安全检查的实施情况。

(6)属地内设备设施完整有效性。

(7)应急演练、应急处置、应急物资配备。

(8)推土机作业人员操作规程的执行情况以及安全距离落实情况。

(二)主要监督依据

《中华人民共和国文物保护法》(主席令第 28 号,2015 年);

《中华人民共和国野生动物保护法》(主席令第 47 号,2016 年);

《中华人民共和国野生植物保护条例》(国务院令第 204 号,1996 年);

《工业企业噪声卫生标准(试行草案)》(卫生部/国家劳动总局,1979 年);

GB/T 12801—2008《生产过程安全卫生要求总则》;

GBZ 1—2010《工业企业设计卫生标准》;

GBZ/T 192.1—2007《工作场所空气中粉尘测定 第 1 部分:总粉尘浓度》;

SY/T 6276—2014《石油天然气工业 健康、安全与环境管理体系》;

Q/SY 1124.1—2012《石油企业现场安全检查规范 第 1 部分:物探地震作业》。

(三)监督控制要点

(1)作业前检查推土机作业人员相关资质。

监督依据标准:SY/T 6276—2014《石油天然气工业 健康、安全与环境管理体系》。

5.4.4 能力、培训和意识

组织应建立、实施和保持程序,以实现对于其工作可能产生健康、安全与环境风险和影响的所有人员,应具有相应的工作能力。在教育、培训和(或)经历方面,组织应对其能力做出适当的规定,并对员工完成工作的能力进行定期的评估。

组织应确定与健康、安全与环境风险及健康、安全与环境管理体系相关的培训需求,并根据培训计划提供培训或采取其他措施来满足这些需求,对培训效果进行评估并采取改进措施。培训程序应考虑不同层次的职责、能力和文化程度以及风险。组织应对管理人员、岗位操作人员、相关方的作业人员、来访人员根据培训需求和法规要求进行教育培训及告知。

组织确保处于各有关职能部门和管理层次的员工都意识到:

a）符合健康、安全与环境方针、程序和健康、安全与环境管理体系要求的重要性。

b）在工作活动中实际的或潜在的健康、安全与环境风险,以及个人工作的改进所带来的健康、安全与环境效益。

c）在执行健康、安全与环境方针和程序中,实现健康、安全与环境管理体系要求,包括应急准备和响应(见5.5.10)方面的作用和职责。

d）偏离规定的运行程序的潜在后果。

（2）检查推路作业职业健康监测的符合情况。

监督依据标准:《工业企业噪声卫生标准(试行草案)》(卫生部/国家劳动总局,1979年),GBZ 1—2010《工业企业设计卫生标准》,GBZ/T 192.1—2007《工作场所空气中粉尘测定 第1部分:总粉尘浓度》。

《工业企业噪声卫生标准(试行草案)》(卫生部/国家劳动总局,1979年):

第五条 工业企业的生产车间和作业场所的工作地点的噪声标准为85dB（A）。现有工业企业经过努力暂时达不到标准时,可适当放宽,但不得超过90 dB（A）。

GBZ 1—2010《工业企业设计卫生标准》:

6.3.2 防振动

6.3.2.1 采用新技术、新工艺、新方法避免振动对健康的影响,应首先控制振动源,使手传振动接振强度符合GBZ 2.2的要求,全身振动强度不超过表6规定的卫生限值。采用工程控制技术措施仍达不到要求的,应根据实际情况合理设计劳动作息时间,并采取适宜的个人防护措施。

表6

工作日接触时间 t（h）	卫生限值（m/s²）
$4<t\leq8$	0.62
$2.5<t\leq4$	1.10
$1.0<t\leq2.5$	1.40
$0.5<t\leq1.0$	2.40
$t\leq0.5$	3.60

GBZ/T 192.1—2007《工作场所空气中粉尘测定 第1部分:总粉尘浓度》:

B.3.1.3 车辆(汽车、电机车、内燃机车、推土机和压路机等)的司机室内设一个采样点。其他运输(索道、皮带、斜坡道、板车、人工等运输)在转运点或落料处设采样点。

（3）推路作业人员劳动防护用品穿戴和使用情况。

> 监督依据标准：《工业企业噪声卫生标准（试行草案）》（卫生部/国家劳动总局，1979年），GB/T 12801—2008《生产过程安全卫生要求总则》，SY/T 6276—2014《石油天然气工业 健康、安全与环境管理体系》。
>
> 《工业企业噪声卫生标准（试行草案）》（卫生部/国家劳动总局，1979年）：
>
> 第十条 在现有工业企业中，凡噪声超过本标准规定的生产车间和作业场所，必须采取行之有效的控制措施，期限达到本标准要求。在未达到标准前，厂矿企业必须发放个人防护用品，以保障工人健康。
>
> GB/T 12801—2008《生产过程安全卫生要求总则》：
>
> 6.7.2 噪声较大的设备应尽量将噪声源和操作人员隔开；工艺允许远距离控制的，可设置隔声操作（控制）室。
>
> SY/T 6276—2014《石油天然气工业 健康、安全与环境管理体系》：
>
> 5.5.6 职业健康
>
> 组织应建立、实施和保持程序，为工作场所的人员提供符合职业健康要求的工作环境和条件，配备与职业健康保护相适应的设施、工具和个人劳动防护用品，定期对作业场所职业危害进行检测，对相关人员组织健康体检。对可能发生急性职业危害的有毒、有害工作场所，应采取应急准备和相应措施（见5.5.10）。
>
> 组织应对工作场所的人员进行职业危害告知，并对存在严重职业危害的作业岗位现场设置职业危害警示和警示说明。
>
> 组织应按法规要求进行职业危害因素申报。

（4）班前会召开情况。

（5）推路作业现场施工应符合以下要求：

① 作业前对标注的施工禁区进行确认。

> 监督依据标准：《中华人民共和国野生动物保护法》（主席令第47号，2016年），《中华人民共和国文物保护法》（主席令第28号，2015年），《中华人民共和国野生植物保护条例》（国务院令第204号，1996年）。
>
> 《中华人民共和国野生动物保护法》（主席令第47号，2016年）：
>
> 第六条 任何组织和个人都有保护野生动物及其栖息地的义务。禁止违法猎捕野生动物、破坏野生动物栖息地。
>
> 《中华人民共和国文物保护法》（主席令第28号，2015年）：

> 第十七条 文物保护单位的保护范围内不得进行其他建设工程或者爆破、钻探、挖掘等作业。但是,因特殊情况需要在文物保护单位的保护范围内进行其他建设工程或者爆破、钻探、挖掘等作业的,必须保证文物保护单位的安全,并经核定公布该文物保护单位的人民政府批准,在批准前应当征得上一级人民政府文物行政部门同意;在全国重点文物保护单位的保护范围内进行其他建设工程或者爆破、钻探、挖掘等作业的,必须经省、自治区、直辖市人民政府批准,在批准前应当征得国务院文物行政部门同意。
>
> 《中华人民共和国野生植物保护条例》(国务院令第204号,1996年):
>
> 第九条 国家保护野生植物及其生长环境。禁止任何单位和个人非法采集野生植物或者破坏其生长环境。

② 推路作业要时刻观察周围的环境,无关人员远离作业现场15m。

③ 特殊地形要有专人指挥。

④ 停止推路作业时,推土机平铲放落地面,并停机断电。

> 监督依据标准:Q/SY 1124.1—2012《石油企业现场安全检查规范 第1部分:物探地震作业》。
>
> 4.1.2.11 推土机操作手
>
> 推土机操作手岗位安全职责履行情况检查应包括:
>
> ——落实属地管理职责。
>
> ——按操作规程的要求对推土机进行操作和维护保养。
>
> ——关注施工区域环境安全,遇有变化及时向主管领导进行上报。
>
> 推土机操作手现场安全检查内容应包括属地内设备设施、推土机周边环境。
>
> 现场作业安全检查主要内容见表A.8。
>
> 表A.8给出了工序作业控制检查内容:
>
> ——推土机在启动前,推土机司机应仔细观察推土机周围的情况。
>
> ——陡峭危险地形应下车观察,在指定人指挥、看护的情况下作业,指挥、看护人员应远离推土机10m以外。
>
> ——推土机作业时,周围15m以内不应有人员围观。
>
> ——在推土机工作间隙,人员不应在推土机前方或周围10m以内休息。
>
> ——离开推土机时或一个阶段工作结束后,应将平铲落放地面,并关掉电源、挂空挡位置。
>
> ——不应长距离倒行。

(四)典型"三违"行为

(1)推土机作业时周围15m内有无关人员。
(2)特殊地形推土作业,没有专人指挥。
(3)停止推土作业,作业人员临时离开,推土机平铲没有落地。
(4)推土机长时间或长距离倒车行驶。

(五)典型案例

推土机自行倒退,碾压推土机操作手导致当场死亡。

1. 简要经过

1994年10月16日,万家寨某施工局机械大队职工马某某驾驶推土机承担基坑围堰纵向面段堰头推渣任务。当日约22时15分,马某某完成任务后将推土机挂倒挡后退至距堰头20.9m处停放,停车后没有熄火,手刹制动器没拉,挡位未挂至空挡位置,便离开操作室下车检查车辆,在检查过程中,推土机自行倒退,从马某某身上轧过,致使本人当场死亡。

2. 主要原因

(1)推土机停车后未熄火、未拉手刹制动器、挡位未挂至空挡位置。
(2)施工现场监督、管理检查不力,安全培训不到位。
(3)安全意识淡薄,违章作业。

3. 事故教训

认真遵守规章制度,严格执行操作规程;加强培训,提高安全意识。

4. 事件启示

制度上的到位比不上责任心的到位。如果没有强烈的责任意识,制度就是再完善,也会成为一纸空文。

(六)思考题

(1)推土机长时间长距离倒行的风险及控制措施有哪些?
(2)推土机作业中如何做好野生植物保护工作?

三、表层调查作业

表层调查作业使用民用爆炸物品,若管理不到位,极易发生爆炸物品丢失被盗、意外爆炸、作业人员伤害等事故。

(一)监督内容

(1)涉爆人员的资质情况。
(2)岗位HSE培训和岗位技术培训情况,本岗位HSE技能掌握情况。

（3）涉爆车辆资质和安全技术性能情况。

（4）安全职责和属地职责的履行情况。

（5）班前会执行情况。

（6）劳动防护用品的配备和使用情况。

（7）安全活动和安全检查的实施情况。

（8）民爆物品运输、使用的符合情况。

（9）应急演练、应急处置、应急物资配备。

（二）主要监督依据

《中华人民共和国石油天然气管道保护法》（主席令第30号，2010年）；

《中华人民共和国文物保护法》（主席令第28号，2015年）；

《中华人民共和国水法》（主席令第48号，2016年）；

《中华人民共和国公路法》（主席令第57号，2016年）；

《中华人民共和国铁路安全管理条例》（国务院令第639号，2013年）；

GA 991—2012《爆破作业项目管理要求》；

SY 5857—2013《石油物探地震作业民用爆炸物品管理规范》；

SY/T 6276—2014《石油天然气工业 健康、安全与环境管理体系》；

Q/SY 1124.1—2012《石油企业现场安全检查规范 第1部分：物探地震作业》；

Q/SY 08313—2016《物探作业民爆物品安全管理规范》。

（三）监督控制要点

（1）作业前检查作业人员相关资质。检查涉爆人员的爆破证。

> 监督依据标准：SY 5857—2013《石油物探地震作业民用爆炸物品管理规范》。
>
> 3.16 涉爆人员
>
> 在作业现场管理、接触、使用、看护民爆物品的人员，包括爆破工程技术人员、安全员、爆破作业人员（包药工、下药工、爆炸机操作员、清线工）、民爆物品运输车驾驶员、押运员、民爆物品仓库管理人员（保管员、警卫员）。
>
> 4.3 物探队应组织涉爆人员进行民爆物品安全管理知识、专业技能的内部培训，考核合格后上岗，其中爆破工程技术人员、安全员、保管员、爆破作业人员应取得公安机关核发的上岗资格证，押运员、民爆物品运输车驾驶员应取得地方交通主管部门核发的危险货物运输从业资格证，方可上岗操作。
>
> 8.1.1.1 物探队在施工前应组织涉爆人员进行民用爆炸物品安全管理、专业技术知识的内部培训，考核合格后上岗。

（2）作业人员劳动防护用品穿戴和使用情况。

> 监督依据标准：SY/T 6276—2014《石油天然气工业 健康、安全与环境管理体系》，SY 5857—2013《石油物探地震作业民用爆炸物品管理规范》。
>
> SY/T 6276—2014《石油天然气工业 健康、安全与环境管理体系》：
> 5.5.6 职业健康
> 组织应建立、实施和保持程序，为工作场所的人员提供符合职业健康要求的工作环境和条件，配备与职业健康保护相适应的设施、工具和个人劳动防护用品，定期对作业场所职业危害进行检测，对相关人员组织健康体检。对可能发生急性职业危害的有毒、有害工作场所，应采取应急准备和相应措施（见5.5.10）。
> 组织应对工作场所的人员进行职业危害告知，并对存在严重职业危害的作业岗位现场设置职业危害警示和警示说明。
> 组织应按法规要求进行职业危害因素申报。
> SY 5857—2013《石油物探地震作业民用爆炸物品管理规范》：
> 4.5 涉爆人员应执行定岗、定责和爆炸作业各种安全距离的规定。做到持证上岗，穿戴防静电护品上岗。
> 8.1.1.7 未穿戴防静电护品人员不应接触民爆物品。

（3）班前会召开情况。
（4）表层调查施工时安全距离应符合国家、当地政府法律、法规的要求。

> 监督依据标准：《中华人民共和国石油天然气管道保护法》（主席令第30号，2010年），《中华人民共和国文物保护法》（主席令第28号，2015年），《中华人民共和国水法》（主席令第48号，2016年），《中华人民共和国公路法》（主席令第57号，2016年），《中华人民共和国铁路安全管理条例》（国务院令第639号，2013年），GA 991—2012《爆破作业项目管理要求》。
>
> 《中华人民共和国石油天然气管道保护法》（主席令第30号，2010年）：
> 第三十三条 在管道专用隧道中心线两侧各1000m地域范围内，除本条第二款规定的情形外，禁止采石、采矿、爆破。
> 在前款规定的地域范围内，因修建铁路、公路、水利工程等公共工程，确需实施采石、爆破作业的，应当经管道所在地县级人民政府主管管道保护工作的部门批准，并采取必要的安全防护措施，方可实施。
> 第三十五条 进行下列施工作业，施工单位应当向管道所在地县级人民政府主管管道保护工作的部门提出申请：

（一）穿跨越管道的施工作业；

（二）在管道线路中心线两侧各5~50m和本法第五十八条第一项所列管道附属设施周边100m地域范围内，新建、改建、扩建铁路、公路、河渠，架设电力线路，埋设地下电缆、光缆，设置安全接地体、避雷接地体；

（三）在管道线路中心线两侧各200m和本法第五十八条第一项所列管道附属设施周边500m地域范围内，进行爆破、地震法勘探或者工程挖掘、工程钻探、采矿。

县级人民政府主管管道保护工作的部门接到申请后，应当组织施工单位与管道企业协商确定施工作业方案，并签订安全防护协议；协商不成的，主管管道保护工作的部门应当组织进行安全评审，做出是否批准作业的决定。

《中华人民共和国文物保护法》（主席令第28号，2015年）：

第十七条 文物保护单位的保护范围内不得进行其他建设工程或者爆破、钻探、挖掘等作业。但是，因特殊情况需要在文物保护单位的保护范围内进行其他建设工程或者爆破、钻探、挖掘等作业的，必须保证文物保护单位的安全，并经核定公布该文物保护单位的人民政府批准，在批准前应当征得上一级人民政府文物行政部门同意；在全国重点文物保护单位的保护范围内进行其他建设工程或者爆破、钻探、挖掘等作业的，必须经省、自治区、直辖市人民政府批准，在批准前应当征得国务院文物行政部门同意。

《中华人民共和国水法》（主席令第48号，2016年）：

第四十三条 国家对水工程实施保护。国家所有的水工程应当按照国务院的规定划定工程管理和保护范围。

国务院水行政主管部门或者流域管理机构管理的水工程，由主管部门或者流域管理机构商有关省、自治区、直辖市人民政府划定工程管理和保护范围。

前款规定以外的其他水工程，应当按照省、自治区、直辖市人民政府的规定，划定工程保护范围和保护职责。

在水工程保护范围内，禁止从事影响水工程运行和危害水工程安全的爆破、打井、采石、取土等活动。

《中华人民共和国公路法》（主席令第57号，2016年）：

第四十七条 在大中型公路桥梁和渡口周围200m、公路隧道上方和洞口外100m范围内，以及在公路两侧一定距离内，不得挖砂、采石、取土、倾倒废弃物，不得进行爆破作业及其他危及公路、公路桥梁、公路隧道、公路渡口安全的活动。

《中华人民共和国铁路安全管理条例》（国务院令第639号，2013年）：

第三十四条 在铁路线路两侧从事采矿、采石或者爆破作业，应当遵守有关采矿和民用爆破的法律法规,符合国家标准、行业标准和铁路安全保护要求。

在铁路线路路堤坡脚、路堑坡顶、铁路桥梁外侧起向外各1000m范围内,以及在铁路隧道上方中心线两侧各1000m范围内,确需从事露天采矿、采石或者爆破作业的,应当与铁路运输企业协商一致,依照有关法律法规的规定报县级以上地方人民政府有关部门批准,采取安全防护措施后方可进行。

GA 991—2012《爆破作业项目管理要求》:

5.1.2 申请

在城市、风景名胜区和重要工程设施附近实施爆破作业的,爆破作业单位应向爆破作业所在地设区的市级公安机关提出申请,提交《爆破作业项目许可审批表》(见附录A)及下列材料:

a)设计施工、安全评估、安全监理单位持有的《爆破作业单位许可证》、工商营业执照及其复印件。

b)设计施工单位与委托单位签订的爆破作业合同。

c)安全评估单位与委托单位签订的安全评估合同。

d)安全监理单位与委托单位签订的安全监理合同。

e)安全评估单位出具的爆破设计、施工方案的安全评估报告。

(5)表层调查施工作业现场应符合以下要求:

① 严格按民爆器材管理规定领取、记录、保管、运输、使用、交回和清理民爆器材。

② 禁止无危货运输证的车辆运输民爆器材,民爆器材车严禁乘载其他人员。

③ 单次运输民爆物品量不能超过车辆的额定载荷,不得违规同车运输雷管和炸药。

④ 每天必须进行民爆器材账物清理检查,班报填写符合规定。

⑤ 浅层折射作业单炮使用药量最大不得超过2kg,放炮安全距离不得小于100m,砾石安全距离不得小于200m;在不能保证安全情况时,可增加安全距离。

⑥ 浅层折射作业在坚硬地表挖制炮坑作业时,严禁使用炸药炸炮坑。

⑦ 浅层折射作业严禁使用碎石埋置炮坑,放炮作业必须逐炮进行,不准提前放置炮线,严禁"双炮线"放炮施工。

⑧ 浅层折射作业时,炮点接线、制作药包、埋药、放置炮线、放炮等只准一人操作,其他人员不准靠近,严禁串岗乱岗。

⑨ 浅层折射作业放炮警戒应使用警戒旗,按事先规定方式进行警戒,不得采用警戒哨和口语喊话警戒,在双向通视情况下,不得少于2人警戒。警戒安全范围以炮坑为圆心,半

径不得小于200m。

⑩ 浅层折射作业时,爆炸工在放炮结束确认安全无误时,发布消除警戒指令。在没有解除警戒前,任何人不得进入警戒区。

⑪ 浅层折射作业结束后对地面坑(井)进行回填,恢复地表。

⑫ 微测井作业时,应先释放静电,依据设计井深和药量到涉爆车上取出规定用雷管发数,制作药辫时应设置15m警戒区。两人以上参加制作的,相互之间的安全距离大于3m,并填写《小折射与微测井班报》。

监督依据标准:SY 5857—2013《石油物探地震作业民用爆炸物品管理规范》,Q/SY 1124.1—2012《石油企业现场安全检查规范 第1部分:物探地震作业》,Q/SY 08313—2016《物探作业民爆物品安全管理规范》。

SY 5857—2013《石油物探地震作业民用爆炸物品管理规范》:

6.2.1 工地运输民爆物品应遵守长途运输中的有关规定。

8.1.1.2 使用民爆物品应建立领取清退制度。《炸药出入库班报》见附录A(资料性附录)、《雷管出入库班报》见附录B(资料性附录)、《工地炸药交接班报》见附录C(资料性附录)、《工地雷管交接班报》见附录D(资料性附录)、《物探队钻井(下药)班报》见附录E.1(资料性附录)、《物探队钻井(下药)班报》格式(背面)见附录E.2(资料性附录)、《物探队爆炸班报》见附录F(资料性附录)、《小折射与微测井班报》见附录G.1(资料性附录)、《小折射与微测井班报》格式(背面)见附录G.2(资料性附录)和《清线班报》见附录H(资料性附录)应做到账物对口。

8.1.1.3 填写民爆物品班报规定:

——执行专人专账的原则;

——班报填写应及时、清晰、准确,单页连续记录应不跨工区、不跨线(束)、不跨日期,并做到班报对口,日清日结;

——班报填写有误只能划改,不得涂改,并由当事人在划改处签字确认。

8.1.1.4 领取的炸药应存放在专用保管箱内,领取的雷管应放置在专用的具有相关资质的便携式雷管箱或专用防爆罐,不用时应及时上锁。不应把民爆物品与其他物品混放在同一容器内。

8.1.1.5 发现民爆物品编码有误或无编码时,应及时交回民爆物品库,并逐级报至上级安全管理部门。

8.1.1.6 当日剩余的民爆物品原则上应回收到民爆物品库,实现当日回收困难时应制定专项方案,并报上级安全管理部门批准。当日剩余民爆物品应集中至民爆物品运输车上储存,不少于两人专门负责看守,周围50m内设置警戒区,停放点符合安全距离规定要求。

8.1.3.1 制作炸药包时,应设置警戒区,警戒距离不小于15m。包药点与装有通信电台的车辆按表6的规定保持安全距离。包药点应与高压输电线路保持20m的安全距离。

8.1.3.2 严禁在车上制作炸药包。

8.1.3.3 一次只能取用一口井所用的炸药、雷管,执行随取随用,随包随下的原则。取用雷管应梳管拿取,不应牵管抽线,雷管脚线不应提前剪短,脚线剥皮应使用工具。取用炸药应轻拿轻放,不准随意扔甩,不应提前撒药。

8.1.3.4 制作药包时,便携式雷管箱与震源药柱应置于包药工视线范围内距其不大于2m的地方。

8.1.3.5 在制作药包过程中,应做到全过程短路,释放静电后方可作业。

8.1.3.9 小折射作业,依据设计井深和药量到涉爆车上取出规定炸药量(炸药分割采用专用工具)至井口,先释放静电,再取出规定用雷管发数,在井(坑)口完成药包制作,并填写《小折射与微测井班报》见附录G.1(资料性附录)和《小折射与微测井班报》格式(背面)见附录G.2(资料性附录)。

8.1.3.10 微测井作业,先释放静电,依据设计井深和药量到涉爆车上取出规定用雷管发数,制作药辫时应设置15m警戒区。两人以上参加制作的,相互之间的安全距离大于3m,并填写《小折射与微测井班报》见附录G.1(资料性附录)和《小折射与微测井班报》格式(背面)见附录G.2(资料性附录)。

8.1.5.4 警戒岗哨应用旗语(红旗规格400mm×300mm)传递信号,确认警戒区内处于安全状态后,红旗上举表示可以放炮。不准用口语代替旗语。

8.1.6.4 小折射和微测井作业,放炮后对地面坑(井)进行回填,恢复地表。

Q/SY 1124.1—2012《石油企业现场安全检查规范 第1部分:物探地震作业》:

4.1.2.12 小折射(微测井)组长

——作业前,对作业点及周围进行查看;

——监控作业流程及各岗位的职责落实,确保小折射作业制作药包、埋置药包、连接炮线、放炮是同一人操作;确保微测井作业连接炮线、放炮是同一人操作。

4.1.2.13 小折射仪(微测井)操作员

——对民爆物品领取、保管、使用和交回进行监督。

小折射(微测井)操作员现场安全检查作业现场周边情况。

4.1.2.14 小折射(微测井)爆炸工

——落实属地管理职责,对外来人员进行安全提示;

——按操作规程的要求领取、押运、保管、使用和交回民爆物品;

——制作、埋置药包(药辫)、连接炮线、放炮,对哑炮进行处理;

——发布和解除警戒指令。

小折射(微测井)爆炸工现场安全检查内容应包括属地内设备设施、工器具与场所,小折射(微测井)作业现场及周边情况。

4.1.2.15 微测井爆炸辅助工

——协助爆炸工制作、埋置药辫;

——按爆炸工的指令进行现场警戒,发现异常立即报告爆炸工。

4.1.2.16 小折射(微测井)放线工

——按爆炸工的指令进行现场警戒,发现异常立即报告爆炸工。

Q/SY 08313—2016《物探作业民爆物品安全管理规范》:

8.5 小折射作业

8.5.1 小折射作业单炮使用最大药量应小于2kg。特殊情况需要增加药量时,必须经地球物理师、队领导认可签字,并采取有效措施,增大安全距离,方可作业。

8.5.2 激发必须逐炮进行,不准提前放置炮线,禁止"两套炮线"激发。

8.5.3 在坚硬地表挖制炮坑作业时,禁止使用炸药炸炮坑。

8.5.4 激发时的安全距离应大于100m,砾石区安全距离应大于200m;警戒安全范围应以炮坑为圆心,半径大于200m。

8.5.5 炮点接线、药包制作、埋药、炮线放置、激发工作只准同一人操作,其他人员不准靠近,禁止串岗乱岗。

8.6 微测井作业

8.6.1 制作药包、药辫时,药包、药辫与井口最小距离大于15m,最大距离不大于30m;同时应设置半径大于15m的警戒区,包药点距炸药箱距离大于15m,应远离装有无线电设施的车辆30m以外。

8.6.2 药包制作执行全过程短路。当多人制作同一个药包时,包药工相互间隔大于3m。

8.6.3 使用炸药作激发源时,安全距离见8.1.6.6。使用雷管作激发源时,当雷管下井深度大于1m时,爆炸站距井口大于10m,警戒安全范围以井口为中心点,半径大于10m;当雷管下井深度小于1m时,激发和警戒范围应大于15m。爆炸机应离开微测井仪器车5m以上。

(四)典型"三违"行为

(1)涉爆人员无证上岗。

(2)车辆手续不合法,车辆安全技术性能、安全附件不符合要求。

(3)违规同车运输、超量运输民爆物品,违规运输炸药包。

(4)未使用防静电剥线钳进行雷管脚线剥皮作业。

(5)未全套穿戴防静电护品进行涉爆作业。

(6)不及时记录班报,不及时记录炸药雷管编码。

(7)炮点接线、制作药包、埋药、放置炮线、放炮等由多人操作。

(8)恶劣天气作业。

(9)停车不打掩木。

(五)典型案例

一根主炮线上的炸药包。

1. 简要经过

1995年9月28日,某地震队小折射组在野外作业时,组长刘某违章作业,在主炮线中间临时抽头接其他炸药包炸检波器埋置坑,将正在炮点埋置炸药包(此炸药包也已接在主炮线上)的陈某炸成重伤。

2. 主要原因

(1)炮点接线、制作药包、埋药、放置炮线、放炮非一人操作。

(2)违章作业,在主炮线上抽头接其他炸药包炸检波器埋置坑。

3. 事故教训

(1)小折射作业的药包制作、埋置、连接炮线、放炮必须由一人操作。

(2)放炮前必须将炮线短路,不得提前将炮线连接到爆炸机上。

(3)严格执行操作规程,严禁在主炮线中间临时抽头或另外接线连接炸药包。

(4)违章操作、安全意识淡薄、危害因素辨识不全、防范措施不到位。

4. 事件启示

严格遵守操作规程,加强培训提高安全意识。

(六)思考题

(1)如何监督表层调查民爆物品超量运输和违规同车运输的现象?

(2)小折射作业为什么要求炮点接线、制作药包、埋药、放置炮线、放炮由一人操作?

四、钻井作业

物探钻井作业是指按作业任务书在测量测定的激发点,使用钻井机械或钻具,在激发点进行钻井的作业。钻井作业可能对环境、地下管线、文物古迹等造成影响;违章作业易造成人员伤害;钻井质量不能满足后序工序施工要求,造成下药困难、下药深度不达标,存在安全隐患或引发安全事故。

(一)监督内容

(1)岗位 HSE 培训和岗位技术培训情况,本岗位 HSE 技能掌握情况。

(2)安全职责和属地职责的履行情况。

(3)班前会执行情况。

(4)劳动防护用品的配备和使用情况。

(5)安全活动和安全检查的实施情况。

(6)监督钻井作业现场操作、安全距离的符合情况。

(7)监督钻井设备、民爆物品储存箱、水罐车、运输车等设备设施完好性。

(8)监督山地钻机搬迁情况。

(9)监督钻井作业现场的植被保护和废油处置情况。

(10)应急演练、应急处置、应急物资配备。

(二)主要监督依据

SY 5857—2013《石油物探地震作业民用爆炸物品管理规范》;

SY/T 6276—2014《石油天然气工业 健康、安全与环境管理体系》;

SY 6349—2008《地震勘探钻机作业安全规程》;

Q/SY 1124.1—2012《石油企业现场安全检查规范 第 1 部分:物探地震作业》;

Q/SY 1238—2009《工作前安全分析管理规范》。

(三)监督控制要点

(1)钻井作业人员劳动防护用品穿戴和使用情况。

> 监督依据标准:SY/T 6276—2014《石油天然气工业 健康、安全与环境管理体系》。
> 5.5.6 职业健康
> 组织应建立、实施和保持程序,为工作场所的人员提供符合职业健康要求的工作环境和条件,配备与职业健康保护相适应的设施、工具和个人劳动防护用品,定期对作业场所职业危害进行检测,对相关人员组织健康体检。对可能发生急性职业危害的有毒、

有害工作场所,应采取应急准备和相应措施(见 5.5.10)。

组织应对工作场所的人员进行职业危害告知,并对存在严重职业危害的作业岗位现场设置职业危害警示和警示说明。

组织应按法规要求进行职业危害因素申报。

(2)班前会召开情况。

(3)钻井作业现场施工应符合以下要求:

① 安全通则:

——按规定穿戴劳动防护用品,遵守钻井安全操作规程。

——按计划组织班组安全活动、安全检查和安全培训。

——开展班组应急演练、应急处置,配备应急物品。

——每天开工前,要对设备检查保养,特别是安全防护装置和设施。

——井位与高压线、地下电缆、管线、水库堤坝、文物古迹等达不到安全距离的,不得作业。

——在寒冷地区施工时,要做好设备的气路、油路、水路、液压循环管线的防冻工作。

——钻机的外露旋转部件安全防护装置应齐全有效。

——保护生态环境和野生动植物,施工现场不得随意乱丢废弃物;按规定回收处理废弃物如燃油、润滑油、液压油等。

——雷电、沙尘暴等恶劣天气应停止作业,并将井架放倒。

——穿越危险地段要实地察看,并采取监护措施方可通过。

——执行岗位工序监督检查制度、违章作业和隐患执行报告制度,发现事故隐患或遇有紧急情况,应立即报告。

——每天作业结束后,应对现场清理检查并清点人数,确认无误后再撤离。

② 车载钻机作业:

——不能在民爆器材安全距离内吸烟、动火、使用通信设备。

——遵守乘车规定、行驶中钻机平台上不得乘人,不得在车下、车前后休息。

——钻机上不得装载与钻井作业无关的其他物品。

——井位对正后,钻机车、水罐车均应打掩木。

——起升、落放井架安全要求:钻机周围 8m 内不应有无关人员进入;钻机不应在距高压线 25m 范围内起升、落放井架;液压管无挤压扭曲现象,与井架无碰撞现象;起升、落放井架时执行程序要求。

——钻井作业安全要求:应注意观察钻井泵压力和钻井液循环情况;不准用手调整钻

头和钻杆;钻机粘扣时,应停机后用专用工具或管钳卸扣;钻机运转时,不得进行修理维护,井架和平台运转部位不得站人。移动钻机应落放井架。除钻机驾驶室额定的载人数以外,钻机其他位置不得载人。遇有雷雨天气,及时落放井架,停止作业。过沟渠、陡坡,或上公路时,应由钻井工下车指挥。

——车载钻机现场施工应符合以下要求:

> 监督依据标准:SY 6349—2008《地震勘探钻机作业安全规程》。
>
> 3.10 利用压缩空气钻井作业时,井口应有防尘罩。
>
> 3.15 钻机在坡道上打井时,应保持平稳、牢靠,刹好手刹,打好掩木。
>
> 3.18 在冰上作业时,应采取测量冰层厚度与标明施工区域等措施,在确保安全情况下施工。
>
> 3.19 钻机或钻井作业现场应设置醒目的安全警示标志。
>
> 3.20 钻机车应配备两具 4kg 以上 ABC 类火灾灭火器、防静电接地链等安全附件及急救包。
>
> 3.21 应使用专用容器盛装燃油。
>
> 3.22 应及时填写设备运行记录。
>
> 5.1 钻井各岗位人员应分工明确,各负其责,除司钻外其他人员不应操作钻机。
>
> 5.2 现场施工人员应按规定穿戴劳动防护用品。
>
> 5.3 在冬季,液压系统应空载启动,等油温上升至15℃左右方可进行作业。
>
> 5.4 在寒冷地区施工时,开钻前应先将钻井泵中的冰融化;停止作业时,应及时将钻井泵和高压管中的水放尽。
>
> 5.5 井架起升应符合"慢—快—慢"的程序要求,井架竖起后应与人字架锁紧后方可钻井。
>
> 5.6 钻机运行过程中,不应进行维修与保养。
>
> 5.7 钻井过程中,若发动机熄火,应先将钻机车变速箱挂空挡,踩下离合器踏板,才能再次启动;启动后应再次恢复原工作挡位。
>
> 5.8 在钻井作业过程中,应根据表层地质结构、岩层硬度等变化及时调节钻压和钻进速度。
>
> 5.9 根据地层情况,在钻进时要及时滑井。
>
> 5.10 应及时对发动机和空压机空气滤芯进行清洁。
>
> 5.11 井架起落过程中,在钻杆下滑方向不应站人。起落井架时,任何人员不应站立在钻机上。井架无法到位时,不应使用人力强拉硬拽。

5.12 钻井液循环钻井时,应随时观察钻井液的压力变化及钻井液上返情况。

5.13 空气循环钻井时,应随时观察空气压缩机油压及储气罐空气压力的变化。

5.14 更换钻杆时,司钻应注意钻具的放置方向,油门不宜过大,不应在钻杆未接稳妥就提升或下降。

5.15 在钻进过程中装卸钻杆时,垫叉要卡到底。

5.16 钻头与钻杆、钻杆与钻杆连接时,其接头应上紧;更换钻头时,应盖好井口。

5.17 发生卡钻时,应根据地层情况采取正反转或用专用工具卸扣,不应人机配合强行拆卸。

5.18 卸下的钻杆,应摆放整齐,接头内外螺纹端应避免碰撞。

5.19 放井架时,应先将锁紧装置松开,再将井架缓慢平稳落下。

5.20 完成作业后,操作手柄应归位。

5.21 人抬式山地钻机的装卸及移动,应按使用说明书或用户手册的有关要求进行。

a)雷雨天等恶劣天气不应搬迁、施工。

b)人抬式钻机应解体搬迁,用绳子固定在抬运用的杠子上。

5.22 钻机出现下列情况之一时,应停止运行,并及时检修:

a)负荷超过钻机规定值。

b)制动或传动系统出现故障。

c)钻井泵或空气压缩机安全阀失灵。

d)空气循环、气动控制、液压系统压力异常。

e)钻机仪表损坏或显示异常。

f)机械或液压传动装置的温度超过规定值。

g)管路出现鼓包、漏气、漏水、漏油。

h)某一部位有异响。

5.23 不应在下列情况下操作钻机:

a)暴风雪等恶劣天气。

b)系统故障未完全排除时。

c)其他影响钻机安全操作的情形。

5.24 作业完毕后应切断电源、气源,清水循环清洗钻井泵,并排空泵内积水。

③ 人抬化钻机作业:

——搬迁安全要求:踏勘后制订搬迁计划并提前修路;搬运山地钻机应拆解后进行;抬设备上、下山时,速度要慢;当山体较陡时,应采取上拉法搬运,且严禁人员在设备下部推、托,拉运的同时严禁有人员上、下陡坡或断崖;搬运或运输油料时,应将容器盖拧紧;机组搬迁,严禁将燃油、民爆器材等危险物资与其他物品混装运输;采用直升机支持作业的,按有关规定执行。

——钻机供油桶不得使用塑料桶,供油桶离发动机发热部位不应小于2m,需使用防回火装置。

——井场周围不得堆放障碍物,无关人员应远离钻机。

——发生故障应立即停机,并报告维修人员排除故障。

——应选择平坦的地方组装钻机,严禁夜间拆装、搬迁钻机。

> 监督依据标准:Q/SY 1124.1—2012《石油企业现场安全检查规范 第1部分:物探地震作业》。
>
> 4.1.2.17 钻井组长
> ——按计划组织班组安全活动、安全检查和安全培训;
> ——负责组织本班组的应急演练、应急处置和应急物品的管理。
> 钻井组长现场安全检查内容应包括属地内设备设施、场所、人员及劳动防护用品的穿戴,钻井作业现场、钻井设备、民爆物品储存箱、水罐车、运输车。
>
> 4.1.2.18 司钻
> ——按操作规程的要求操作钻机和维护保养钻机;
> ——钻井作业前,对井位与建(构)筑物、公共设施的安全距离进行核对;
> ——钻机车停稳后应打掩木,支好千斤腿,钻机井架立起后插好保险销;
> ——车载钻机工作现场8m内不应有无关人员进入。
>
> 4.1.2.19 钻工
> ——对钻杆、工具的放置情况进行检查。
> 钻工现场安全检查内容应包括属地内设备设施、工器具和场所,井场及周边环境。

(四)典型"三违"行为

(1)作业时,不按规定穿戴劳保护品。

(2)钻机搬点不落放井架。

(3)在钻机运转状态下进行检修。

(4)钻机周围警戒范围内有无关人员围观。

(5)在高压线25m范围内进行钻井作业。

(6)使用汽(柴)油擦洗钻机及零部件。

（7）在车下躺卧休息。
（8）钻机驾驶室外载人。
（9）钻机车、水罐车作业时不打掩木。
（10）山地钻机用塑料桶供油。
（11）旋转部位无防护罩、用铁丝代替螺栓插销、空压机管线无防脱链等。
（12）供油桶离发动机发热部位距离小于2m。
（13）现场存在安全隐患仍然实施钻井作业。
（14）夜间进行山地钻机的搬迁。

（五）典型案例

高压线下起落井架触电导致操作人员死亡。

1. 简要经过

1990年11月27日上午10点，某地震队司钻王某在起钻机架打井时触到高压线上，王某当场被击昏，经送医院抢救无效死亡。

2. 主要原因

（1）安全意识淡薄，培训不到位，工序互检未落实。
（2）钻机车司机违反安全规定，将车停在高压线下面。
（3）司钻王某违反操作规程，不观察上空高压线，盲目起井架。
（4）钻机无防触电安全设施。

3. 事故教训

危害因素辨识不全、无防范措施、违章操作必定会造成作业人员受伤。

4. 事件启示

加强培训，提高安全意识，落实工序互检，严格遵守操作规程。

（六）思考题

（1）如何对山地钻的搬迁进行有效监督？
（2）钻井作业前都有哪些安全距离需要确认？

五、炸药包制作与下药

炸药包制作与下药是将雷管与震源药柱按照操作规程组合在一起，使用爆炸杆将炸药包下至井中的过程。炸药包制作与下药过程中违章操作易发生民用爆炸物品丢失、被盗、意外爆炸等事故。下药深度不够、擅自增加药量等违章行为易造成后序作业人员意外伤害。

（一）监督内容

（1）涉爆岗位 HSE 培训和岗位技术培训情况，本岗位 HSE 技能掌握情况，持证上岗情况。

（2）班前会执行情况。

（3）防静电劳动防护用品的配备和使用情况。

（4）安全职责和属地职责的履行情况：

——落实属地管理职责，对进入警戒区的人员进行安全提示；

——按操作规程的要求领取、保管、使用、交回民爆物品；

——制作药包离开钻机 15m 以上，包药前对警戒区进行查看；

——按照全过程短路法进行包药作业，严禁长距离（30m）搬运炸药包；

——每次领取、交回民爆物品、包药工作完成后和药包下井后，及时进行记录；

——下药遇卡时，按操作规程的要求进行处置；

——按规定要求进行埋井；

——按规定对包、下药全过程进行录像。

（5）安全活动和安全检查的实施情况。

（6）属地内工器具完整有效性。

（7）应急演练、应急处置、应急物资配备。

（二）主要监督依据

《民用爆炸物品安全管理条例》（国务院令第 653 号，2014 年）；

GB 6722—2014《爆破安全规程》；

SY 5857—2013《石油物探地震作业民用爆炸物品管理规范》；

SY/T 6276—2014《石油天然气工业　健康、安全与环境管理体系》；

Q/SY 1124.1—2012《石油企业现场安全检查规范　第1部分：物探地震作业》。

（三）监督控制要点

（1）作业前检查包药工、下药工相关人员资质。

> 监督依据标准：《民用爆炸物品安全管理条例》（国务院令第 653 号 2014 年），SY/T 6276—2014《石油天然气工业　健康、安全与环境管理体系》，SY 5857—2013《石油物探地震作业民用爆炸物品管理规范》。
>
> 《民用爆炸物品安全管理条例》（国务院令第 653 号，2014 年）：

第六条 无民事行为能力人、限制民事行为能力人或者曾因犯罪受过刑事处罚的人,不得从事民用爆炸物品的生产、销售、购买、运输和爆破作业。

民用爆炸物品从业单位应当加强对本单位从业人员的安全教育、法制教育和岗位技术培训,从业人员经考核合格的,方可上岗作业;对有资格要求的岗位,应当配备具有相应资格的人员。

第三十一条 申请从事爆破作业的单位,应当具备下列条件:

(一)爆破作业属于合法的生产活动;

(二)有符合国家有关标准和规范的民用爆炸物品专用仓库;

(三)有具备相应资格的安全管理人员、仓库管理人员和具备国家规定执业资格的爆破作业人员;

(四)有健全的安全管理制度、岗位安全责任制度;

(五)有符合国家标准、行业标准的爆破作业专用设备;

(六)法律、行政法规规定的其他条件。

SY/T 6276—2014《石油天然气工业 健康、安全与环境管理体系》:

5.4.4 能力、培训和意识

组织应建立、实施和保持程序,以实现对于其工作可能产生健康、安全与环境风险和影响的所有人员,应具有相应的工作能力。在教育、培训和(或)经历方面,组织应对其能力做出适当的规定,并对员工完成工作的能力进行定期的评估。

组织应确定与健康、安全与环境风险及健康、安全与环境管理体系相关的培训需求,并根据培训计划提供培训或采取其他措施来满足这些需求,对培训效果进行评估并采取改进措施。培训程序应考虑不同层次的职责、能力和文化程度以及风险。组织应对管理人员、岗位操作人员、相关方的作业人员、来访人员根据培训需求和法规要求进行教育培训及告知。

组织确保处于各有关职能部门和管理层次的员工都意识到:

a)符合健康、安全与环境方针、程序和健康、安全与环境管理体系要求的重要性。

b)在工作活动中实际的或潜在的健康、安全与环境风险,以及个人工作的改进所带来的健康、安全与环境效益。

c)在执行健康、安全与环境方针和程序中,实现健康、安全与环境管理体系要求,包括应急准备和响应(见5.5.10)方面的作用和职责。

d)偏离规定的运行程序的潜在后果。

SY 5857—2013《石油物探地震作业民用爆炸物品管理规范》:

> 3.16 涉爆人员
>
> 在作业现场管理、接触、使用、看护民爆物品的人员,包括爆破工程技术人员、安全员、爆破作业人员(包药工、下药工、爆炸机操作员、清线工)、民爆物品运输车驾驶员、押运员、民爆物品仓库管理人员(保管员、警卫员)。
>
> 4.3 物探队应组织涉爆人员进行民爆物品安全管理知识、专业技能的内部培训,考核合格后上岗,其中爆破工程技术人员、安全员、保管员、爆破作业人员应取得公安机关核发的上岗资格证,押运员、民爆物品运输车驾驶员应取得地方交通主管部门核发的危险货物运输从业资格证,方可上岗操作。
>
> 8.1.1.1 物探队在施工前应组织涉爆人员进行民用爆炸物品安全管理、专业技术知识的内部培训,考核合格后上岗。

(2)包药工、下药工劳动防护用品穿戴和使用情况。

> 监督依据标准:SY/T 6276—2014《石油天然气工业 健康、安全与环境管理体系》,SY 5857—2013《石油物探地震作业民用爆炸物品管理规范》
>
> SY/T 6276—2014《石油天然气工业 健康、安全与环境管理体系》:
>
> 5.5.6 职业健康
>
> 组织应建立、实施和保持程序,为工作场所的人员提供符合职业健康要求的工作环境和条件,配备与职业健康保护相适应的设施,工具和个人劳动防护用品,定期对作业场所职业危害进行检测,对相关人员组织健康体检。对可能发生急性职业危害的有毒、有害工作场所,应采取应急准备和相应措施(见5.5.10)。
>
> 组织应对工作场所的人员进行职业危害告知,并对存在严重职业危害的作业岗位现场设置职业危害警示和警示说明。
>
> 组织应按法规要求进行职业危害因素申报。
>
> SY 5857—2013《石油物探地震作业民用爆炸物品管理规范》:
>
> 4.5 涉爆人员应执行定岗、定责和爆炸作业各种安全距离的规定。做到持证上岗,穿戴防静电护品上岗。
>
> 8.1.1.7 未穿戴防静电护品人员不应接触民爆物品。

(3)班前会召开情况。

(4)炸药包制作与下药作业现场施工符合以下要求:

① 作业现场搬运民用爆炸物品符合法律、法规与标准要求。

② 炸药包制作:

——制作炸药包时,应设置半径不小于15m的警戒区,包药点距炸药箱距离不应小于15m,包药点与无线电设施距离符合要求。

——不应距井口30m以外制作炸药包,严禁在车上制作炸药包,同一个炮点不准同时包药。

——每次只能取用一口井所用的炸药、雷管,执行随取随用,随包随下的原则。取用雷管应疏管拿取,不应牵管抽线,雷管脚线不应提前剪短,脚线剥皮应使用铜制剥线钳,禁止牙咬,手拽。取用炸药应轻拿轻放,不准随意扔甩,禁止提前摆放或乱堆乱放炸药。

——在制作药包过程中,雷管线和炮线必须全过程短路。

——同一炮点不准同时存放两个及两个以上炸药包,多井组合也应制作一包,下井一包。同一炮点禁用两套及以上炮线,多井组合时采用单一主炮线,主炮线与组合炮线应有明显区别。

——单深井作业钻机驶离井口5m以外,组合井作业钻机移动到下一井口,方可开始下药。

③ 严格按照规定如实记录民用爆炸物品的流向并做好录像。

④ 遇有雷雨、大雾、沙尘暴等恶劣天气情况时,应立即停止涉爆作业。

⑤ 涉爆作业场所禁止吸烟、动火,严禁使用民爆器材烤火取暖。

⑥ 确需夜间补井作业时,应有完善的安全防范措施。

监督依据标准:《民用爆炸物品安全管理条例》(国务院令第653号,2014年),GB 6722—2014《爆破安全规程》,SY 5857—2013《石油物探地震作业民用爆炸物品管理规范》,Q/SY 1124.1—2012《石油企业现场安全检查规范 第1部分:物探地震作业》。

《民用爆炸物品安全管理条例》(国务院令第653号,2014年):

第三十七条 爆破作业单位应当如实记载领取、发放民用爆炸物品的品种、数量、编号以及领取、发放人员姓名。领取民用爆炸物品的数量不得超过当班用量,作业后剩余的民用爆炸物品必须当班清退回库。

爆破作业单位应当将领取、发放民用爆炸物品的原始记录保存2年备查。

GB 6722—2014《爆破安全规程》:

14.1.6.4 用人工搬运爆破器材时,应遵守下列规定:

a) 在夜间或井下,应随身携带完好的矿用灯具。

b) 不应一人同时携带雷管和炸药;雷管和炸药应分别放在专用背包(木箱)内,不应放在衣袋里。

c) 领到爆破器材后,应直接送到爆破地点,不应乱丢乱放。

d)不应提前班次领取爆破器材,不应携带爆破器材在人群聚集的地方停留。

e)一人一次运送的爆破器材数量不超过:

——雷管,1000发;

——拆箱(袋)搬运炸药,20kg;

——背运原包装炸药1箱(袋);

——挑运原包装炸药2箱(袋)。

f)用手推车运输爆破器材时,载重量不应超过300kg,运输过程中应防止碰撞并采取防滑、防摩擦产生火花等安全措施。

SY 5857—2013《石油物探地震作业民用爆炸物品管理规范》:

4.5 涉爆人员应执行定岗、定责和爆炸作业各种安全距离的规定。做到持证上岗,穿戴防静电护品上岗。

4.6 涉爆场所禁区内禁止吸烟、禁止动用明火,禁止使用无线通信设施。

4.7 遇雷雨、大雾、沙尘暴等恶劣天气情况时,应立即停止涉爆作业。

8.1.2.1 雷管测试应使用符合国家认定的专用雷管测试表,雷管测试表的最大输出电流不大于0.03A,一次通电时间小于2s。

8.1.2.2 测试雷管应选择安全地带,人员离开雷管15m以外。

8.1.2.3 不应地面测试炸药包。井内测试时,按8.1.5.6相关规定执行。

8.1.3.1 制作炸药包时,应设置警戒区,警戒距离不小于15m。包药点与装有通信电台的车辆按表6的规定保持安全距离。包药点应与高压输电线路保持20m的安全距离。

8.1.3.2 严禁在车上制作炸药包。

8.1.3.3 一次只能取用一口井所用的炸药、雷管,执行随取随用,随包随下的原则。取用雷管应梳管拿取,不应牵管抽线,雷管脚线不应提前剪短,脚线剥皮应使用工具。取用炸药应轻拿轻放,不准随意扔甩,不应提前撒药。

8.1.3.4 制作药包时,便携式雷管箱与震源药柱应置于包药工视线范围内距其不大于2m的地方。

8.1.3.5 在制作药包过程中,应做到全过程短路,释放静电后方可作业。

8.1.3.6 每制作一包后,应及时记录在《物探队钻井(下药)班报》(见附录A)和《物探队钻井(下药)班报》格式(背面)(见附录E.2)。

8.1.3.7 做好炸药包后,炮线应绕在炸药包上并打结,若炸药包为多个药柱组成,应最后装起爆药柱。制作好的炸药包应安装防上浮器或采取其他防上浮措施。

> 8.1.3.8 同一炮点不应同时包装、存放两个或两个以上炸药包,多井组合应包完一包,下井一包。
> 8.1.4 炸药包下井
> 8.1.4.1 单井作业钻机驶离井口 5m 以外,组合井作业钻机移动到下一井口,方可开始下药。
>
> Q/SY 1124.1—2012《石油企业现场安全检查规范 第1部分:物探地震作业》:
> 4.1.2.20 包药工
> ——落实属地管理职责,对进入警戒区的人员进行安全提示;
> ——按操作规程的要求领取、保管、使用、交回民爆物品;
> ——制作药包离开钻机 15m 以上,包药前对警戒区进行查看;
> ——按照全过程短路法进行包药作业,严禁长距离(30m)搬运炸药包;
> ——每次领取、交回民爆物品、包药工作完成后和药包下井后,及时进行记录。
> 包药工现场安全检查内容应包括属地内设备设施、工器具与场所、警戒区及周边环境。
> 4.1.2.21 下药工
> ——下药遇卡时,按操作规程的要求进行处置;
> ——按规定要求进行埋井。
> 下药工现场安全检查内容应包括属地设备设施、工器具与场所,药包下井后上浮情况。

(四)典型"三违"行为

(1)药包制作未做到全程短路。

(2)装有电台车辆或持有无线电设施的人员进入包药警戒区。

(3)未正确穿戴防静电护品进行涉爆作业。

(4)不及时记录班报,不及时记录炸药雷管编码。

(5)提前包药。

(6)长距离(30m外)运送炸药包。

(7)包药工身上装有打火机等火种。

(8)提前发、放药。

(9)测试井下炸药包时安全距离不够。

(10)无关人员进入包药警戒区。

（11）乘车时不系安全带。

（12）在车下及周围躺卧休息。

（13）不使用专用爆炸杆下药，使用钻杆或其他工具强压炸药包。

（14）药包下井没有防上浮措施。

（15）炸药包下井后不轻提炮线检查药包是否上浮。

（16）包、下药过程没有做到全程录像。

(五) 典型案例

违规存放炸药包，意外爆炸，造成人员伤亡。

1. 简要经过

1986年4月7日中午，某地震队在进行三维施工。吃午饭时，民工将装有3kg炸药2发雷管的药包放在吃饭院内，放线班长蒋某用电台通话时，其感应射频电流将距电台0.6m的药包引爆，班长蒋某被炸死，其他6人被炸伤。

2. 主要原因

（1）提前包药，违规存放炸药包。

（2）炸药包距电台太近，射频电引爆了炸药包。

（3）严重违反爆破安全规程，将炸药包带入人员集中的地方。

3. 事故教训

民用爆炸物品风险意识匮乏，违反操作规程。

4. 事件启示

加强培训，提高民用爆炸物品风险的安全意识，严格遵守操作规程。

(六) 思考题

（1）如何监督组合井民爆物品编码与井眼的一一对应？

（2）如何监督药包防上浮措施的落实？

（3）炸药包制作与下药作业现场检查哪些内容，如何检查？

六、收放线

收放线是指在施工区域内将地震波接收线缆和设备按照检波点设置摆放和收起的作业。作业环境不同，可能存在触电、溺水、高处坠落、人员迷失、交通伤害、冻伤、中暑等风险。

（一）监督内容

（1）岗位 HSE 培训和岗位技术培训情况，本岗位 HSE 技能掌握情况。

（2）安全职责和属地职责的履行情况。

（3）班前会执行情况。

（4）劳动防护用品的配备和使用情况。

（5）安全活动和安全检查的实施情况。

（6）属地内设备设施完整有效性。

（7）应急演练、应急处置、应急物资配备。

（8）架线作业程序执行情况。

（9）载人卡车超载、人货混装、车下及周围躺卧休息现象。

（二）主要监督依据

《中华人民共和国道路交通安全法》（主席令第 47 号，2011 年）；

《中华人民共和国公路法》（主席令第 57 号，2016 年）；

《中华人民共和国铁路安全管理条例》（国务院令第 639 号，2013）；

AQ 2012—2007《石油天然气安全规程》；

SY/T 6276—2014《石油天然气工业　健康、安全与环境管理体系》；

Q/SY 1124.1—2012《石油企业现场安全检查规范　第 1 部分：物探地震作业》；

Q/SY 1238—2009《工作前安全分析管理规范》。

（三）监督控制要点

（1）检查收/放线作业人员特殊地形的培训情况。

> 监督依据标准：SY/T 6276—2014《石油天然气工业　健康、安全与环境管理体系》
> 5.4.4　能力、培训和意识
> 　　组织应建立、实施和保持程序，以实现对于其工作可能产生健康、安全与环境风险和影响的所有人员，应具有相应的工作能力。在教育、培训和（或）经历方面，组织应对其能力做出适当的规定，并对员工完成工作的能力进行定期的评估。
> 　　组织应确定与健康、安全与环境风险及健康、安全与环境管理体系相关的培训需求，并根据培训计划提供培训或采取其他措施来满足这些需求，对培训效果进行评估并采取改进措施。培训程序应考虑不同层次的职责、能力和文化程度以及风险。组织应对管理人员、岗位操作人员、相关方的作业人员、来访人员根据培训需求和法规要求进行教育培训及告知。

> 组织确保处于各有关职能部门和管理层次的员工都意识到：
>
> a）符合健康、安全与环境方针、程序和健康、安全与环境管理体系要求的重要性。
>
> b）在工作活动中实际的或潜在的健康、安全与环境风险，以及个人工作的改进所带来的健康、安全与环境效益。
>
> c）在执行健康、安全与环境方针和程序中，实现健康、安全与环境管理体系要求，包括应急准备和响应（见5.5.10）方面的作用和职责。
>
> d）偏离规定的运行程序的潜在后果。

（2）收/放线作业人员劳动防护用品穿戴和使用情况。

> 监督依据标准：SY/T 6276—2014《石油天然气工业 健康、安全与环境管理体系》
>
> 5.5.6 职业健康
>
> 组织应建立、实施和保持程序，为工作场所的人员提供符合职业健康要求的工作环境和条件，配备与职业健康保护相适应的设施、工具和个人劳动防护用品，定期对作业场所职业危害进行检测，对相关人员组织健康体检。对可能发生急性职业危害的有毒、有害工作场所，应采取应急准备和相应措施（见5.5.10）。
>
> 组织应对工作场所的人员进行职业危害告知，并对存在严重职业危害的作业岗位现场设置职业危害警示和警示说明。
>
> 组织应按法规要求进行职业危害因素申报。

（3）班前会召开情况。

（4）收/放线作业现场施工应符合以下要求：

① 上下车按规定执行。

② 不在车下、周围及不易发现的地方躺卧休息。

③ 收/放线通过危险地段（如悬崖、陡坡、沼泽、河流等）先踏勘，采取保护措施并在专人监护下通过。

④ 穿越公路、铁路、涵洞作业符合法律、法规与标准要求，警示标识醒目。

⑤ 不在施工现场抛弃生活垃圾。

⑥ 不在禁火区域动用明火。

监督依据标准：AQ 2012—2007《石油天然气安全规程》，Q/SY 1124.1—2012《石油企业现场安全检查规范 第1部分：物探地震作业》。

AQ 2012—2007《石油天然气安全规程》：

5.1.3.5 采集作业应符合下列要求:

——工程技术人员下达任务时,应向各班组提供一份标注危险地段和炮点附近重要设施的施工图。

——检波器电缆线穿越危险障碍时(河流、水渠、陡坡等),应采取保护措施通过。穿越公路或在公路旁施工时,应设立警示标志。

——做好放炮警戒的监视工作,发现异常情况应立即报告爆炸员或仪器操作员,停止放炮。

——放线工间歇时,不应离岗,注意测线过往车辆。

——在行驶中的车辆大箱内不应进行收、放线作业。

——仪器车行驶应平稳,控制车速,不应冒险通过危险地段。

Q/SY 1124.1—2012《石油企业现场安全检查规范 第1部分:物探地震作业》:

4.1.2.24 放线班长

——按计划组织班组安全活动、安全检查和安全培训。

——负责组织本班组的应急演练、应急处置和应急物品的管理。

——严禁超员载人和客货混装。

放线班长现场安全检查内容应包括属地内设备设施、工器具与场所、人员及劳动防护用品穿戴,放线作业现场、载人车辆、运输车辆。

4.1.2.25 放(收)线工

——按要求装卸电缆线、检波器串,严禁在车辆行进中装线和撤线。

——按规定要求乘车,严禁在车下乘凉。

——随时检查作业现场环境。

放(收)线工现场安全检查内容应包括属地内设备设施、工器具与场所。

(5)架线作业现场施工应符合以下要求:

① 架线作业得到了有关交通主管部门、公安部门的同意。

② 穿越铁路时得到铁路运输企业的同意或者签订了安全协议。

③ 作业时无违法拦截车辆行为。

④ 公路上设立的警示标志醒目符合法律、法规与标准要求。

监督依据标准:《中华人民共和国道路交通安全法》(主席令第47号,2011年),《中华人民共和国铁路安全管理条例》(国务院令第639号,2013),《中华人民共和国公路法》(主席令第57号,2016年)。

《中华人民共和国道路交通安全法》（主席令第47号，2011年）：

第二十八条　任何单位和个人不得擅自设置、移动、占用、损毁交通信号灯、交通标志、交通标线。

道路两侧及隔离带上种植的树木或者其他植物，设置的广告牌、管线等，应当与交通设施保持必要的距离，不得遮挡路灯、交通信号灯、交通标志，不得妨碍安全视距，不得影响通行。

第三十一条　未经许可，任何单位和个人不得占用道路从事非交通活动。

第三十二条　因工程建设需要占用、挖掘道路，或者跨越、穿越道路架设、增设管线设施，应当事先征得道路主管部门的同意；影响交通安全的，还应当征得公安机关交通管理部门的同意。

施工作业单位应当在经批准的路段和时间内施工作业，并在距离施工作业地点来车方向安全距离处设置明显的安全警示标志，采取防护措施；施工作业完毕，应当迅速清除道路上的障碍物，消除安全隐患，经道路主管部门和公安机关交通管理部门验收合格，符合通行要求后，方可恢复通行。

对未中断交通的施工作业道路，公安机关交通管理部门应当加强交通安全监督检查，维护道路交通秩序。

《中华人民共和国铁路安全管理条例》（国务院令第639号，2013）：

第八十九条　未经铁路运输企业同意或者未签订安全协议，在铁路线路安全保护区内建造建筑物、构筑物等设施，取土、挖砂、挖沟、采空作业或者堆放、悬挂物品，或者违反保证铁路安全的国家标准、行业标准和施工安全规范，影响铁路运输安全的，由铁路监督管理机构责令改正，可以处10万元以下的罚款。

铁路运输企业未派员对铁路线路安全保护区内施工现场进行安全监督的，由铁路监督管理机构责令改正，可以处3万元以下的罚款。

《中华人民共和国公路法》（主席令第57号，2016年）：

第七条　公路受国家保护，任何单位和个人不得破坏、损坏或者非法占用公路、公路用地及公路附属设施。

任何单位和个人都有爱护公路、公路用地及公路附属设施的义务，有权检举和控告破坏、损坏公路、公路用地、公路附属设施和影响公路安全的行为。

第九条　禁止任何单位和个人在公路上非法设卡、收费、罚款和拦截车辆。

第四十四条　任何单位和个人不得擅自占用、挖掘公路。

因修建铁路、机场电站、通信设施、水利工程和进行其他建设工程需要占用、挖掘公路或者使公路改线的,建设单位应当事先征得有关交通主管部门的同意;影响交通安全的,还须征得有关公安机关的同意。占用、挖掘公路或者使公路改线的,建设单位应当按照不低于该段公路原有的技术标准予以修复、改建或者给予相应的经济补偿。

第四十五条 跨越、穿越公路修建桥梁、渡槽或者架设、埋设管线等设施的,以及在公路用地范围内架设、埋设管线、电缆等设施的,应当事先经有关交通主管部门同意,影响交通安全的,还须征得有关公安机关的同意;所修建、架设或者埋设的设施应当符合公路工程技术标准的要求。对公路造成损坏的,应当按照损坏程度给予补偿。

第四十六条 任何单位和个人不得在公路上及公路用地范围内摆摊设点、堆放物品、倾倒垃圾、设置障碍、挖沟引水、利用公路边沟排放污物或者进行其他损坏、污染公路和影响公路畅通的活动。

(四)典型"三违"行为

(1)未按规定穿戴符合要求的劳动防护用品。
(2)乘车时不系安全带,违规上下车。
(3)载人卡车超载、人货混装、车下及周围躺卧休息现象。
(4)擅自通过危险地段。
(5)在禁火区域动用明火或携带火种。
(6)在容易坍塌的地段下方休息。
(7)不在施工现场抛弃生活垃圾。

(五)典型案例

内陆水域收放线作业,查线工独自作业落水身亡。

1. 简要经过

1987年8月1日,某地震队在桩西某条测线施工时,查线工朱某独自涉水去检查排列,不慎滑入水下一深坑内淹溺死亡。

2. 主要原因

(1)管理制度不全或无落实。
(2)作业区域无警示标识。
(3)施工人员未接受专项技能培训,无救生设施与劳动保护用品。

3. 事故教训

建立健全特殊地形、区域施工工作管理制度,加强水域作业培训,提高安全意识;特殊地形、区域设置醒目的警示标识,作业时应有人监护。

4. 事件启示

加强特殊地形、区域施工的安全管理及监护。

(六)思考题

(1)危险地段收放线作业的监督重点?

(2)公路架线作业的监督重点?

(3)收放线环节交通管理的监督重点?

七、井炮激发

井炮激发是由爆破操作人员使用专用设备引爆井内炸药包的作业。本工序的主要风险包括双炮线施工接错炮线、民用爆炸物品意外爆炸、飞溅物、有毒气体、山体塌方、地表塌陷等。出现盲炮时未即时、正确填写班报将会导致清线不彻底,存在潜在危害。

(一)监督内容

(1)岗位 HSE 培训和岗位技术培训情况,本岗位 HSE 技能掌握情况。

(2)安全职责和属地职责的履行情况:

——作业前,核对任务书,确认炮点情况;

——对作业点周围高压线和地表建筑进行查看;

——现场人员与炮点保持安全距离;

——对外来人员进行安全提示;

——警戒信息的有效传递;

——如实填写爆炸班报,哑炮及时登记上报。

(3)班前会执行情况。

(4)防静电劳动防护用品的配备和使用情况。

(5)安全活动和安全检查的实施情况。

(6)属地内设备设施完整有效性。

(7)应急演练、应急处置、应急物资配备。

(二)主要监督依据

SY 5857—2013《石油物探地震作业民用爆炸物品管理规范》;

SY/T 6276—2014《石油天然气工业 健康、安全与环境管理体系》;

Q/SY 1124.1—2012《石油企业现场安全检查规范 第1部分:物探地震作业》;

Q/SY 1238—2009《工作前安全分析管理规范》；

Q/SY 08313—2016《物探作业民爆物品安全管理规范》。

(三)监督控制要点

(1)作业前检查涉爆人员的"爆破员作业证"。

> 监督依据标准：SY/T 6276—2014《石油天然气工业 健康、安全与环境管理体系》，SY 5857—2013《石油物探地震作业民用爆炸物品管理规范》。
>
> SY/T 6276—2014《石油天然气工业 健康、安全与环境管理体系》：
>
> 5.4.4 能力、培训和意识
>
> 组织应建立、实施和保持程序，以实现对于其工作可能产生健康、安全与环境风险和影响的所有人员，应具有相应的工作能力。在教育、培训和(或)经历方面，组织应对其能力做出适当的规定，并对员工完成工作的能力进行定期的评估。
>
> 组织应确定与健康、安全和环境风险及健康、安全和环境管理体系相关的培训需求，并根据培训计划提供培训或采取其他措施来满足这些需求，对培训效果进行评估并采取改进措施。培训程序应考虑不同层次的职责、能力和文化程度以及风险。组织应对管理人员、岗位操作人员、相关方的作业人员、来访人员根据培训需求和法规要求进行教育培训及告知。
>
> 组织确保处于各有关职能部门和管理层次的员工都意识到：
>
> a)符合健康、安全与环境方针、程序和健康、安全与环境管理体系要求的重要性。
>
> b)在工作活动中实际的或潜在的健康、安全与环境风险，以及个人工作的改进所带来的健康、安全与环境效益。
>
> c)在执行健康、安全与环境方针和程序中，实现健康、安全与环境管理体系要求，包括应急准备和响应(见5.5.10)方面的作用和职责。
>
> d)偏离规定的运行程序的潜在后果。
>
> SY 5857—2013《石油物探地震作业民用爆炸物品管理规范》：
>
> 3.16 涉爆人员
>
> 在作业现场管理、接触、使用、看护民爆物品的人员，包括爆破工程技术人员、安全员、爆破作业人员(包药工、下药工、爆炸机操作员、清线工)、民爆物品运输车驾驶员、押运员、民爆物品仓库管理人员(保管员、警卫员)。
>
> 4.3 物探队应组织涉爆人员进行民爆物品安全管理知识、专业技能的内部培训，考核合格后上岗，其中爆破工程技术人员、安全员、保管员、爆破作业人员应取得公安机关核发的上岗资格证，押运员、民爆物品运输车驾驶员应取得地方交通主管部门核发的危

险货物运输从业资格证,方可上岗操作。

> 8.1.1.1 物探队在施工前应组织涉爆人员进行民用爆物品安全管理、专业技术知识的内部培训,考核合格后上岗。

(2)井炮激发作业人员劳动防护用品穿戴和使用情况。

> 监督依据标准:SY/T 6276—2014《石油天然气工业 健康、安全与环境管理体系》,SY 5857—2013《石油物探地震作业民用爆炸物品管理规范》。
>
> SY/T 6276—2014《石油天然气工业 健康、安全与环境管理体系》:
>
> 5.5.6 职业健康
>
> 组织应建立、实施和保持程序,为工作场所的人员提供符合职业健康要求的工作环境和条件,配备与职业健康保护相适应的设施、工具和个人劳动防护用品,定期对作业场所职业危害进行检测,对相关人员组织健康体检。对可能发生急性职业危害的有毒、有害工作场所,应采取应急准备和相应措施(见5.5.10)。
>
> 组织应对工作场所的人员进行职业危害告知,并对存在严重职业危害的作业岗位现场设置职业危害警示和警示说明。
>
> 组织应按法规要求进行职业危害因素申报。
>
> SY 5857—2013《石油物探地震作业民用爆炸物品管理规范》:
>
> 4.5 涉爆人员应执行定岗、定责和爆炸作业各种安全距离的规定。做到持证上岗,穿戴防静电护品上岗。
>
> 8.1.1.7 未穿戴防静电护品人员不应接触民爆物品。

(3)班前会召开情况。

(4)作业现场应符合以下要求:

① 放炮前,爆炸工应检查炮井周围有无重要设施和高压线,检查炸药包是否上浮,确认无误后,方准将炮线与爆炸站连接。

② 当井深大于炮点与输电线路之间的距离时,应采取有效措施,防止冲井致使炮线搭上电线。

③ 爆炸站应设在视野宽阔的炮井上风位置,爆炸站距炮点距离一般为:

——地表为黏土、沙土层,应大于40m;

——地表为岩石、冻土层,应大于65m;

——井深小于或等于5m时,应大于100m。

④ 作业人员应戴好安全帽。

⑤ 放炮时警戒区内不准有人、畜、车辆,警戒时应确保警戒信息有效传递。受地形限制爆炸工观察不到炮点情况时,警戒人员应该及时向爆炸站告知炮点信息。

⑥ 严禁炮线放炮,严禁在车内放炮。

⑦ 发生哑炮(盲炮),应立即拔掉加长线,加长线和炮线均短路,确认安全后消除警戒,查找原因。

⑧ 炮井爆炸后应观察井口区域安全状况,待井内毒气扩散后再清理井口炮线。

⑨ 应逐炮填写爆炸班报,严禁提前填写班报。

⑩ 夜间放炮执行相关规定。

监督依据标准:SY 5857—2013《石油物探地震作业民用爆炸物品管理规范》,Q/SY 1124.1—2012《石油企业现场安全检查规范 第1部分:物探地震作业》,Q/SY 08313—2016《物探作业民爆物品安全管理规范》。

SY 5857—2013《石油物探地震作业民用爆炸物品管理规范》:

8.1.5.1 爆炸站的操作人员应穿防静电护品、戴好安全帽。

8.1.5.2 在放炮前,警戒人员应检查井口周围的危险区内有无房屋、桥梁、水堤、输电通信线路和输油、输气管道等建筑物、构筑物,如有并对其构成威胁时,不应放炮。在确保其安全距离的情况下,方可放炮。

8.1.5.3 爆炸机操作员放炮前应检查并确认炸药包无上浮,方准将炮线引至爆炸站,由爆炸机操作员亲自连接炮线。不应使用爆炸机以外的任何电源进行爆炸作业。

8.1.5.4 警戒岗哨应用旗语(红旗规格400mm×300mm)传递信号,确认警戒区内处于安全状态后,红旗上举表示可以放炮。不准用口语代替旗语。

8.1.5.5 受地形限制从爆炸站至炮井为盲区时,放炮前应派专人到看得见井口与爆炸站的安全地方设岗哨,用旗语传递信号,在确保安全的情况下才能放炮。

8.1.5.6 爆炸站设置在井口通视良好的上风方向,安全距离一般为:

——地表为黏土、沙土层,应大于40m;

——地表为岩石、冻土层,应大于65m;

——井深小于或等于5m时,应大于100m;

——特殊情况另据爆炸方式、药量计算确定。

8.1.5.7 爆炸机操作规定如下:

——爆炸机操作员不应提前将炮线接入爆炸机,并不得提前充电。

——放炮时正确操作,译码器(爆炸机)插孔专孔专用,正确选择工作开关,防止误操作造成意外爆炸事故发生。

——当发生拒爆或临时改变放炮指令(如测试信号等)时,应将炮线从爆炸机上取掉并短路。

8.1.5.8 在接近危险区的边界处(即安全距离)应设警戒岗哨和安全标志,不应人、畜、车(船)进入危险区域内。

8.1.5.9 放炮之前,爆炸机操作员再次检查危险区内的安全情况,发现井场有双炮线时,不应放炮。符合安全要求后方可报告仪器操作员准备放炮,仪器操作员收到爆炸机操作员的放炮通知后,才能下达放炮准备指令。

8.1.6 爆破作业善后处理

8.1.6.1 爆炸机操作员应检查爆炸现场,当无异常情况时,方可解除警戒。

8.1.6.2 刚爆炸完的井,不应抢拔井口炮线,防止毒气熏人或井口塌陷。

8.1.6.3 发生盲炮时,应依据桩号(单井)或编号(组合井)填入《物探队爆炸班报》(见附录F),待清线处理。

8.2.1 水域地区民爆物品使用应遵守平原地区民爆物品使用管理的有关规定。

8.2.2 在水域地区进行地震勘探爆炸作业时,应事先取得政府主管部门的同意和许可,并遵守有关规定。

8.2.3 不应在浓雾、夜间和六级以上大风等恶劣天气进行爆炸作业,执行已审批的夜间作业许可。

8.2.4 爆炸作业船应按规定配备救生器材、消防器材,非爆炸作业人员不应上爆炸作业船。

8.2.5 爆炸作业船按海事要求配备通信设备的,在工作期间应处于关闭状态,遇有紧急情况时,在保证安全的前提下允许使用。

8.2.6 爆炸作业船距爆破点的安全距离不小于100m。

8.2.7 爆炸作业船通信设备应保证与其他勘探船的联系畅通,爆炸作业船上的通信设备与民爆物品的安全距离按表6执行。

8.2.8 装运民爆物品的作业船与其他作业船只的距离应在200m以上,船上设警告标志,在雷管箱开启期间和包药过程中,应关闭通信设备。

8.2.9 水域放炮应专船专用,制作炸药包与放炮不应同船作业。

8.2.10 井中炸药包相对的水面上应有明显的浮标标志;检波点浮标应与炮点浮标用不同颜色加以区别。

8.2.11 炸药包制作完毕后应立即下井,不应在船上存放。

8.2.18 炸药包发生拒爆时,应切断电源,并将炮线短路方可进入现场检查。

8.3.1 沙漠地区民爆物品使用应遵守平原地区民爆物品使用管理的有关规定。

8.3.3 放炮以后收炮线时,警惕井口塌陷。

8.4.1 山地(黄土塬)地区民爆物品使用应遵守平原地区民爆物品使用管理的有关规定。

8.4.6 爆炸站及警戒的施工人员,不应靠近沟边或悬崖峭壁,以防止爆炸振动引起山体塌陷滑坡,造成人员坠落等事故。

Q/SY 1124.1—2012《石油企业现场安全检查规范 第1部分:物探地震作业》:

4.1.2.31 爆炸班长

——作业前,对作业点及周围进行查看。

——监控作业流程及各岗位的职责落实,确保炮线与爆炸机连接前现场所有人员与炮点保持安全距离。

——按计划组织班组安全活动、安全检查和安全培训。

——负责组织本班组的应急演练、应急处置和应急物品的管理。

爆炸班长现场安全检查内容应包括属地内设备设施、场所、人员及劳动防护用品穿戴。

4.1.2.32 爆炸机操作员

——对外来人员进行安全提示。

——按操作规程的要求领取、保管、使用和交回民爆物品。

——作业前,对炮点与建(构)筑物、公共设施的安全距离进行核对。

——将炮线接入爆炸机前,确认现场所有人员与炮点保持安全距离。

——负责发布和接触警戒指令。

爆炸机操作员现场安全检查内容应包括属地内设备设施与场所、作业现场周边情况。

4.1.2.33 爆炸辅助工

——协助爆炸机操作员连接炮线,确认现场所有人员与炮点保持安全距离后方可将炮线交与爆炸机操作员连接爆炸机。

——按爆炸机操作员的指令进行现场警戒,发现异常立即报告爆炸机操作员。

爆炸辅助工现场安全检查内容应包括属地内设备设施、工器具与场所、作业现场及周边情况。

Q/SY 08313—2016《物探作业民爆物品安全管理规范》:

8.1.6 爆破作业

8.1.6.1 爆炸站的操作人员应按规定穿防静电护品、戴好安全帽。爆炸站应设在视野宽阔、通视良好的炮井上风位置。

8.1.6.2 放炮前,警戒人员应检查井口周围危险区内有无人员、车辆、房屋、桥梁、水堤、输电通信线路和输油、输气管道等建筑物、构筑物,如有并构成威胁时不应放炮,在确保安全距离时方可放炮。当井深大于炮点与输电线路之间的距离时,应采取有效措施,防止冲井致使炮线搭上电线。

8.1.6.3 爆炸机操作员放炮前应检查并确认炸药包无上浮,方准将炮线引至爆炸站,由爆炸机操作员亲自连接炮线。不应使用爆炸机以外的任何电源进行爆炸作业。

8.1.6.4 警戒岗哨应用旗语(红旗规格400mm×300mm)传递信号,确认警戒区内处于安全状态后,红旗上举表示可以放炮。不准用口语代替旗语。

8.1.6.5 受地形限制从爆炸站至炮井为盲区时,放炮前应派专人到看得见井口与爆炸站的安全地方设岗哨,用旗语传递信号,在确保安全的情况下才能放炮。

（四）典型"三违"行为

（1）爆炸站距离炮点的安全距离不够。

（2）放炮前未检查炸药包上浮情况。

（3）提前将炮线接入爆炸机,提前充电。

（4）放炮期间,爆炸站及警戒人员靠近沟边或断崖。

（5）未遂炮填写爆炸班报。

（6）爆炸完马上抢拔井口炮线。

（7）放炮时,不按要求设置警戒区。

（8）不按要求穿戴劳动防护用品。

（五）典型案例

违规操作发生意外爆炸造成重伤事故。

1. 简要经过

1986年11月14日,某油田地震队在惠民地区某爆破点施工时需补炮,爆炸工张某在包药工不在的情况下自己制作药包,当取出两只雷管时,仪器用电台呼叫,张某手持雷管走向爆炸机电台通话,通话时因持电雷管的左手靠近电台天线,当即爆炸,造成左手糜烂性炸伤,治疗时截去左手。

2. 主要原因

（1）岗位安全意识淡薄,培训不到位。

（2）雷管距离电台太近，违反安全操作规程。

3. 事故教训

（1）严格岗位培训，经员工能力评价合格后才能上岗操作。

（2）专人专岗，严格履行岗位职责，严禁串岗乱岗。

（3）加强作业现场管理，规范作业行为。

4. 事件启示

"违章不一定出事故"是一种侥幸心理。

（六）思考题

（1）如何监督不同地形爆炸站距炮点的安全距离？

（2）夜间作业的监督要点？

八、可控震源激发

可控震源激发是利用可控震源车进行激发的一种陆上地震勘探方式。作业过程中会产生噪声、振动、高温、高压和机械伤害等危害因素，可控震源的维护保养会产生废油、废液。

（一）监督内容

（1）岗位 HSE 培训和岗位技术培训情况，本岗位 HSE 技能掌握情况。

（2）安全职责和属地职责的履行情况：

——落实属地管理职责，对外来人员进行安全提示；

——可控震源移动前，操作手对周围情况进行查看；

——震源车周围 10m 内不应有闲杂人员；

——带点工与震源车保持 15m 以上的安全距离；

——带点工按照施工草图所提供的风险点，指挥震源车合理避让。

（3）班前会执行情况。

（4）劳动防护用品的配备和使用情况。

（5）安全活动和安全检查的实施情况。

（6）带点工与操作手的有效沟通。

（7）夜间作业的控制措施与许可。

（8）属地内设备设施完整有效性。

（9）应急演练、应急处置、应急物资配备。

（10）废油、废液的处置。

(二)主要监督依据

GB/T 12801—2008《生产过程安全卫生要求总则》；

SY/T 6276—2014《石油天然气工业 健康、安全与环境管理体系》；

Q/SY 1124.1—2012《石油企业现场安全检查规范 第1部分：物探地震作业》；

Q/SY 1238—2009《工作前安全分析管理规范》。

(三)监督控制要点

(1)作业前检查可控震源作业人员相关资质。可控震源操作手的"操作证"。

> 监督依据标准：SY/T 6276—2014《石油天然气工业 健康、安全与环境管理体系》，GB/T 12801—2008《生产过程安全卫生要求总则》。
>
> SY/T 6276—2014《石油天然气工业 健康、安全与环境管理体系》：
>
> 5.4.4 能力、培训和意识
>
> 组织应建立、实施和保持程序，以实现对于其工作可能产生健康、安全与环境风险和影响的所有人员，应具有相应的工作能力。在教育、培训和(或)经历方面，组织应对其能力做出适当的规定，并对员工完成工作的能力进行定期的评估。
>
> 组织应确定与健康、安全和环境风险及健康、安全和环境管理体系相关的培训需求，并根据培训计划提供培训或采取其他措施来满足这些需求，对培训效果进行评估并采取改进措施。培训程序应考虑不同层次的职责、能力和文化程度以及风险。组织应对管理人员、岗位操作人员、相关方的作业人员、来访人员根据培训需求和法规要求进行教育培训及告知。
>
> 组织确保处于各有关职能部门和管理层次的员工都意识到：
>
> a)符合健康、安全与环境方针、程序和健康、安全与环境管理体系要求的重要性。
>
> b)在工作活动中实际的或潜在的健康、安全与环境风险，以及个人工作的改进所带来的健康、安全与环境效益。
>
> c)在执行健康、安全与环境方针和程序中，实现健康、安全与环境管理体系要求，包括应急准备和响应(见5.5.10)方面的作用和职责。
>
> d)偏离规定的运行程序的潜在后果。
>
> GB/T 12801—2008《生产过程安全卫生要求总则》：
>
> 5.9.2 g)特种作业人员应按照国家有关规定经专门的安全作业培训，取得特种作业操作资格证书，方可上岗作业。

（2）可控震源作业人员劳动防护用品穿戴和使用情况。

> 监督依据标准：GB/T 12801—2008《生产过程安全卫生要求总则》，SY/T 6276—2014《石油天然气工业　健康、安全与环境管理体系》，Q/SY 1124.1—2012《石油企业现场安全检查规范　第1部分：物探地震作业》。
>
> GB/T 12801—2008《生产过程安全卫生要求总则》：
>
> 6.7.2　噪声较大的设备应尽量将噪声源和操作人员隔开；工艺允许远距离控制的，可设置隔声操作(控制)室。
>
> SY/T 6276—2014《石油天然气工业　健康、安全与环境管理体系》：
>
> 5.5.6　职业健康
>
> 组织应建立、实施和保持程序，为工作场所的人员提供符合职业健康要求的工作环境和条件，配备与职业健康保护相适应的设施、工具和个人劳动防护用品，定期对作业场所职业危害进行检测，对相关人员组织健康体检。对可能发生急性职业危害的有毒、有害工作场所，应采取应急准备和相应措施（见5.5.10）。
>
> 组织应对工作场所的人员进行职业危害告知，并对存在严重职业危害的作业岗位现场设置职业危害警示和警示说明。
>
> 组织应按法规要求进行职业危害因素申报。
>
> Q/SY 1124.1—2012《石油企业现场安全检查规范　第1部分：物探地震作业》：
>
> 4.1.2.30　可控震源带点工
>
> ——按规定穿戴劳动防护用品，反光标识明显。

（3）班前会召开情况。

（4）可控震源作业现场施工应符合以下要求：

① 启动前检查震源各部位，各部件紧固、灵活，仪表指示及开关阀挡位正常，安全防护装置安全、可靠。

② 振动平板未提升到规定位置不得行驶，震源车应慢速行驶，各车之间距离应大于5m，不应相互超车，危险地段要绕行，不准强行通过。

③ 不应在坡度大于30°的坡道停车。

④ 震源启动后，震源车10m内不应有闲杂人员。

⑤ 检查和排除故障应在降压后进行。

⑥ 震源工作时，操作人员不应离开操作室，不应做与操作无关的事。

⑦ 带点工服装应有反光标志，带点人员距离震源车应保持15m以上。

⑧ 未确认重锤锁牢、垫稳时，身体任何部位都不应置于重锤与地面和车架下面。

⑨震源行驶时,任何人不应在震源平台或其他部位搭乘,无关人员不应进入驾驶室。

监督依据标准:Q/SY 1124.1—2012《石油企业现场安全检查规范 第1部分:物探地震作业》。

4.1.2.30 可控震源带点工

——按规定穿戴劳动防护用品,反光标识明显;

——与震源车保持15m以上的安全距离。

现场作业安全检查主要内容见表A.8。

表A.8给出了工序作业控制检查内容:

——震源各部件紧固、灵活,仪表指示及开关阀正常,安全防护装置齐全有效。

——振动平板未提升到规定位置不得行驶。

——震源行驶时,任何人不应在震源平台或其他部位上搭乘,无关人员不应进入驾驶室。

——震源车应慢速行驶,各车之间距离应大于5m,不应相互超车,危险地段要绕行,不准强行通过。

——不应在坡度大于30°的坡道停车。

——震源启动后,震源车10m内不应有闲杂人员。

——检查和排除故障应在降压后进行。

——震源工作时,操作人员不应离开操作室,不应做与操作无关的事。

——带点工服有反光标志,带点人员距离震源车应保持15m以上。

(四)典型"三违"行为

(1)震源车各车之间距离不够、互相超越。

(2)坡度停车不符合要求。

(3)工作时震源车内或安全距离以内有闲杂人员。

(4)震源工作时,操作人员离开操作室。

(5)带点工服装无反光标志,带点人员距离震源车距离过近。

(6)违规处置废弃物。

(7)疲劳作业。

(五)典型案例

震源车违章检修导致人员伤亡。

1. 简要经过

1981年6月19日下午4时,某震源队在策勒县H8110测线施工时,司机袁某驾驶震源车,因液压泵漏油发生故障,坐在右侧的修理工孙某即下车到平台下面检查漏油部位,当孙某查看后,招呼司机"把车动一下",袁某由于起步过快,震源震板将孙某撞击后,其右后轮又从孙某的胸部轧过,孙某当场死亡。

2. 主要原因

(1)违反震源车检维修操作规程。

(2)安全意识淡薄。

3. 事故教训

(1)严格按照操作规程操作。即便是要排除隐患也要采取相应的安全措施后,才可进行下一步作业。

(2)加强培训,强化岗位安全操作意识。

4. 事件启示

身边的一些小事或小疏忽,完全可能引起巨大的事故和损失。

(六)思考题

(1)可控震源工作时带点人员与操作人员如何更好地沟通?

(2)滑动扫描作业新增风险如何控制?

(3)震源车坡道行驶和作业时风险如何控制?

九、清线

清线是指采集结束后对各工序地表和遗留物的恢复、清理、处置和验证。清线过程中敷衍了事易造成安全隐患遗留和环境的破坏,尤其是哑炮的处理过程中出现违法、违章行为就极易造成人员伤害、财产损失、社会影响等。

(一)监督内容

(1)岗位HSE培训和岗位技术培训情况,本岗位HSE技能掌握情况,涉爆人员持证上岗情况。

(2)安全职责和属地职责的履行情况:

——按作业程序实施清线作业;

——按要求恢复地表,清理前序工序遗留的废弃物;

——按清线任务书的要求逐一排除哑炮,留存轨迹,全程录像;

——回收的民爆物品及时交回民爆物品库,单独存放,集中销毁。

(3)班前会执行情况。

(4)劳动防护用品的配备和使用情况。

(5)安全活动和安全检查的实施情况。

(6)属地内设备设施完整有效性。

(7)应急演练、应急处置、应急物资配备。

(二)主要监督依据

GB 6722—2014《爆破安全规程》;

SY 5857—2013《石油物探地震作业民用爆炸物品管理规范》;

SY/T 6276—2014《石油天然气工业 健康、安全与环境管理体系》;

Q/SY 1124.1—2012《石油企业现场安全检查规范 第1部分:物探地震作业》;

Q/SY 1238—2009《工作前安全分析管理规范》;

Q/SY 08313—2016《物探作业民爆物品安全管理规范》。

(三)监督控制要点

(1)检查清线小组作业人员相关资质。

> 监督依据标准:SY/T 6276—2014《石油天然气工业 健康、安全与环境管理体系》,SY 5857—2013《石油物探地震作业民用爆炸物品管理规范》。
>
> SY/T 6276—2014《石油天然气工业 健康、安全与环境管理体系》:
>
> 5.4.4 能力、培训和意识
>
> 组织应建立、实施和保持程序,以实现对于其工作可能产生健康、安全与环境风险和影响的所有人员,应具有相应的工作能力。在教育、培训和(或)经历方面,组织应对其能力做出适当的规定,并对员工完成工作的能力进行定期的评估。
>
> 组织应确定与健康、安全与环境风险及健康、安全与环境管理体系相关的培训需求,并根据培训计划提供培训或采取其他措施来满足这些需求,对培训效果进行评估并采取改进措施。培训程序应考虑不同层次的职责、能力和文化程度以及风险。组织应对管理人员、岗位操作人员、相关方的作业人员、来访人员根据培训需求和法规要求进行教育培训及告知。
>
> 组织确保处于各有关职能部门和管理层次的员工都意识到:
>
> a)符合健康、安全与环境方针、程序和健康、安全与环境管理体系要求的重要性。
>
> b)在工作活动中实际的或潜在的健康、安全与环境风险,以及个人工作的改进所带

来的健康、安全与环境效益。

c）在执行健康、安全与环境方针和程序中,实现健康、安全与环境管理体系要求,包括应急准备和响应(见 5.5.10)方面的作用和职责。

d）偏离规定的运行程序的潜在后果。

SY 5857—2013《石油物探地震作业民用爆炸物品管理规范》：

3.16　涉爆人员

在作业现场管理、接触、使用、看护民爆物品的人员,包括爆破工程技术人员、安全员、爆破作业人员(包药工、下药工、爆炸机操作员、清线工)、民爆物品运输车驾驶员、押运员、民爆物品仓库管理人员(保管员、警卫员)。

4.3　物探队应组织涉爆人员进行民爆物品安全管理知识、专业技能的内部培训,考核合格后上岗,其中爆破工程技术人员、安全员、保管员、爆破作业人员应取得公安机关核发的上岗资格证,押运员、民爆物品运输车驾驶员应取得地方交通主管部门核发的危险货物运输从业资格证,方可上岗操作。

8.1.1.1　物探队在施工前应组织涉爆人员进行民用爆炸物品安全管理、专业技术知识的内部培训,考核合格后上岗。

（2）清线小组作业人员劳动防护用品穿戴和使用情况。

监督依据标准：SY/T 6276—2014《石油天然气工业　健康、安全与环境管理体系》,SY 5857—2013《石油物探地震作业民用爆炸物品管理规范》。

SY/T 6276—2014《石油天然气工业　健康、安全与环境管理体系》：

5.5.6　职业健康

组织应建立、实施和保持程序,为工作场所的人员提供符合职业健康要求的工作环境和条件,配备与职业健康保护相适应的设施,工具和个人劳动防护用品,定期对作业场所职业危害进行检测,对相关人员组织健康体检。对可能发生急性职业危害的有毒、有害工作场所,应采取应急准备和相应措施(见 5.5.10)。

组织应对工作场所的人员进行职业危害告知,并对存在严重职业危害的作业岗位现场设置职业危害警示和警示说明。

组织应按法规要求进行职业危害因素申报。

SY 5857—2013《石油物探地震作业民用爆炸物品管理规范》：

4.5　涉爆人员应执行定岗、定责和爆炸作业各种安全距离的规定。做到持证上岗,穿戴防静电护品上岗。

8.1.1.7　未穿戴防静电护品人员不应接触民爆物品。

（3）班前会召开情况。

（4）清线小组作业现场施工应符合以下要求：

①严格按清线作业程序实施清线作业；

②按要求清理、回收残余的民爆物品和废弃物，排除哑炮、恢复地表等；

③清理民爆物品时，相关人员必须持有涉爆证件和穿戴防静电护品；

④清理出的民爆物品按相关规定单独存放、建账；

⑤认真做好清线记录，按要求填写清线班报，留存GPS轨迹并全程录像；

⑥民爆物品销毁要制订销毁方案，报公安部门审批后，在公安部门的监督下实施销毁。

监督依据标准：SY 5857—2013《石油物探地震作业民用爆炸物品管理规范》，GB 6722—2014《爆破安全规程》，Q/SY 08313—2016《物探作业民爆物品安全管理规范》，Q/SY 1124.1—2012《石油企业现场安全检查规范 第1部分：物探地震作业》。

SY 5857—2013《石油物探地震作业民用爆炸物品管理规范》：

7.4.11 报废炸药和完好炸药应分别存放。

9.1 物探队应成立清线小组，制定清线管理制度，清理、回收残余的民爆物品和废旧炮线，排除哑炮、填埋炮井、恢复地表，填写《清线班报》，见附录H，建立档案。

9.2 盲炮处理应采用以下方法进行处理：

——重新起爆或殉爆。

——不应采用捅井的方法强行处理。

9.3 每清理一炮后，应及时记录在《清线班报》中，见附录H。

10.1 销毁民爆物品前应登记造册，提出实施方案，报上级主管部门批准，并向当地公安机关备案，按批准的方案销毁。

GB 6722—2014《爆破安全规程》：

6.7.1.1 装药警戒范围由爆破技术负责人确定；装药时应在警戒区边界设置明显标识并派出岗哨。

6.7.1.2 爆破警戒范围由设计确定；在危险区边界，应设有明显标识，并派出岗哨。

6.7.1.3 执行警戒任务的人员，应按指令到达指定地点并坚守工作岗位。

14.3.4 爆破器材的销毁

14.3.4.1 经过检验，确认失效及不符合国家标准或技术条件要求的爆破器材，均应退回原发放单位销毁；包装过硝化甘油类炸药有渗油痕迹的药箱（袋、盒），应予销毁。

14.3.4.2 不应在阳光下暴晒待销毁的爆破器材。

14.3.4.3 销毁爆破器材,可采用爆炸法、焚烧法、溶解法、化学分解法。

14.3.4.4 用爆炸法或焚烧法销毁爆破器材时,应在销毁场进行,销毁场应符合GB 50089的规定。

14.3.4.5 用爆炸法销毁爆破器材应按销毁技术设计进行,技术设计由爆破器材库主任提出并经单位爆破技术负责人批准后报当地县级公安机关监督销毁。

14.3.4.6 燃烧不会引起爆炸的爆破器材,可组织用焚烧法销毁;焚烧前,应仔细检查,严防其中混有雷管或其他起爆器材。

14.3.4.7 不抗水的硝铵类炸药和黑火药可置于容器中用溶解法销毁;不得将爆破器材直接丢入河塘江湖及下水道。

14.3.4.8 采用化学分解法销毁爆破器材时,应使爆破器材达到完全分解,其溶液应经处理符合有关规定后,方可排放到下水道。

14.3.4.9 每次销毁爆破器材后,应对现场进行检查,发现残存爆破器材应收集起来,进行再次销毁。

Q/SY 08313—2016《物探作业民爆物品安全管理规范》:

9 清线

9.1 钻井、采集、爆炸各工序应做到工完、料尽、场地清。

9.2 物探队应设立民爆物品清线小组,制定清线管理制度,清理、回收残余的民爆物品和废旧炮线,排除盲炮、填埋炮井、恢复地表,填写《清线班报》,建立档案。

9.3 如遇废炮、盲炮等特殊情况,应及时报队主管领导。检查确认炮井起爆线路完好时,可重新引爆盲炮。不能引爆时,用专用工具从炮孔、炮井中取出药包后妥善处置。不能取出药包时,可装填新起爆药包进行殉爆。禁止采用捅井方法强行处理。

9.4 回收的民爆物品应交回民爆物品库,单独存放,集中销毁。在不能保证安全运输的情况下,对回收的雷管应就地安全引爆,并填写《清线班报》(见附录H)。

Q/SY 1124.1—2012《石油企业现场安全检查规范 第1部分:物探地震作业》:

表A.8给出了工序作业控制检查内容:

——钻井、采集、爆炸各工序应做到工完料尽场地清。组合井激发后,应逐一排查是否存在哑炮;

——如遇废炮、哑炮等特殊情况应及时报主管队领导组织处理;

——回收的民爆物品应交回民爆物品库,单独存放,集中销毁;

——禁止采用捅的方法强行处理哑炮。在不能保证安全运输的情况下,对回收的雷管应就地安全引爆。

(四)典型"三违"行为

(1)未持有"涉爆证"人员进行民爆物品清理作业。

(2)未正确穿戴劳动防护用品进行清线作业。

(3)持有无线电通信工具的人员进行民爆物品清理作业。

(4)没有按规定运输、使用和临时存放民爆物品。

(5)采用捅的方法强行处理哑炮。

(6)清理出的民爆物品不及时登记。

(7)清理出的民爆物品没有单独存放。

(8)无关人员搭乘清线作业车辆。

(9)私自销毁民爆物品。

(五)典型案例

销毁民用爆炸用品发生意外。

1. 简要经过

某年5月,非洲某国家,气温高达40℃,地表温度超过50℃以上。销毁作业小队到野外无人区进行电雷管销毁作业,拟采用合格雷管引爆报废雷管的方法销毁105颗过期及报废的电雷管。从早上开始,进行了8次销毁工作,把过期的包装完整的电雷管基本销毁完毕。下午3点钟左右,开始准备最后一次报废电雷管销毁作业,当作业人员用左手小心地从报废电雷管的防爆箱中取出准备销毁的电雷管时,电雷管意外爆炸,爆炸产生的雷管碎片和防爆箱的木质碎片崩进一名作业人员的左手、左臂和左眼,造成重伤。

2. 主要原因

(1)操作人员未释放静电销毁电雷管,违反操作规程。

(2)安全意识淡薄,培训不到位。

3. 事故教训

(1)加强培训,提高安全意识。

(2)严格按照操作规程作业。

4. 事件启示

所有涉及民用爆炸用品的作业都不能草率行事。

(六)思考题

(1)哑炮排除各环节的监督要点?

(2)对无法排除的哑炮管控措施如何后续监督追踪?

第二节　滩海地震作业工序安全监督

滩海是指海岸（滨）线 0～20m 水深的区域，主要地形为滩海潮前带、滩涂淤泥带、卤池、沼泽。滩海地震作业主要工序包括测量、钻井作业、炸药包制作与下药、收放线（缆）、井炮激发、气枪震源激发、空气船作业、挂机艇作业、清线等。滩海地震作业主要存在溺水、船只碰撞、人员迷失、火灾、爆炸、机械伤害、水体污染和噪声危害等风险。下面对每道工序从监督内容、主要监督依据、监督控制要点、典型"三违"行为等进行详细描述。

一、滩海测量

测量作为滩海地震作业的首道工序，主要任务是记录测量数据，将设计中规定的激发点与接收点实际布置到作业区域，并做出临时标记，绘制测量草图。

（一）监督内容

（1）岗位 HSE 培训和岗位技术培训情况，本岗位 HSE 技能掌握情况。
（2）安全职责和属地职责的履行情况。
（3）班前会执行情况。
（4）劳动防护用品的配备和使用情况。
（5）交通安全管理的执行情况。
（6）安全活动和安全检查的实施情况。
（7）属地内设备设施完整有效性。
（8）应急演练、应急处置、应急物资配备。

（二）主要监督依据

Q/SY 1124.1—2012《石油企业现场安全检查规范　第 1 部分：物探地震作业》；
Q/SY BGP·G0204—2015《滩海物探队健康、安全、环境管理规定》；
BGP·DG/HSE/THZY5.515—58《滩海测量导航员岗位作业指导书》。

（三）监督控制要点

（1）作业前检查测量作业人员相关资质。

> 监督依据标准：Q/SY BGP·G0204—2015《滩海物探队健康、安全、环境管理规定》。
> 4　出海人员管理
> 4.1　船员身体健康，无传染性疾病，持适合本船级别的岗位适任证书。

> 4.2 出海作业人员体检后身体健康状况符合要求,并经过海洋石油作业安全救生培训,取得相关证书。
>
> 4.3 临时出海人员应接受物探队现场安全教育。

(2)测量作业人员劳动防护用品穿戴和使用情况。

> 监督依据标准:Q/SY BGP·G0204—2015《滩海物探队健康、安全、环境管理规定》。
>
> 4 出海人员管理
>
> 4.7 按规定穿戴劳动防护用品,涉水作业时应按要求穿戴工作救生衣。

(3)班前会召开情况。

(4)滩海测量施工作业现场应符合以下要求:

① 行船时人员不许站立、走动,挂机靠稳后有序上、下船。

② 水深超过 1m 作业应使用渡运工具及救生设备,水深超过 1.5m 作业还应使用船舶。

③ 及时编制和提交测量草图,距测线 200m 内地下(表)的高压线、铁路、桥梁、涵洞、油气管线和光缆等重要设施,测线及测线道路遇到的枯井、松散地形、陡坡、急弯、河流、沼泽等危险点源和区内道路均应在草图上标注。

④ 遇有雷雨、大风及能见度较低天气,禁止作业。

> 监督依据标准:BGP·DG/HSE/THZY5.515—58《滩海测量导航员岗位作业指导书》,Q/SY BGP·G0204—2015《滩海物探队健康、安全、环境管理规定》,Q/SY 1124.1—2012《石油企业现场安全检查规范 第1部分:物探地震作业》。
>
> BGP·DG/HSE/THZY5.515—58《滩海测量导航员岗位作业指导书》:
>
> 2.2.1.3 按要求参加班前会,了解当日工作任务和注意事项,了解当日气象信息。
>
> 2.2.2.3 行船时人员不许站立、走动,挂机靠稳后有序上、下船。
>
> Q/SY BGP·G0204—2015《滩海物探队健康、安全、环境管理规定》:
>
> 3.8 根据潮汐时间变化,在高潮水深达到 1.5m 区域施工时,应配备乘运工具或提前 1h 组织人员撤离。
>
> 5 船舶安全管理要求
>
> 5.1 基本要求
>
> 5.1.6 船外机橡皮艇和空气船遇蒲氏五级以上大风、雷雨、大雾(能见度低于 200m)等恶劣天气时,应停止使用,并采取有效避风措施。其他船舶,当风力超过证书规定的抗风等级时,不应出海作业,并采取有效避风措施。
>
> Q/SY 1124.1—2012《石油企业现场安全检查规范 第1部分:物探地震作业》:

(四)典型"三违"行为

(1)高压线 25m 内、水闸、油气管网安全距离内设置炮点。

(2)乘车时不系安全带。

(3)挂机、空气船行进中站立。

(4)水域作业不穿救生衣或穿戴不正确。

(5)船舶行进中上、下船。

(6)泅渡海沟、河沟。

(7)违规动火、吸烟。

(8)单人进行滩涂补点作业。

(9)恶劣天气作业。

(五)典型案例

单人单艇海上作业灾难。

1. 简要经过

2008 年 8 月渤海辽东湾海域,某物探队进行海上地震勘探作业,在海上护缆作业这一环节采取单人单艇 24h 值班制度,挂机操作人员夜间护缆值班睡觉被来往船舶撞沉溺水死亡。

2. 主要原因

(1)夜间值班睡岗遭到船只直接撞击溺水。

(2)海上施工违章指挥他人单人值班作业。

3. 事故教训

(1)海上施工严禁单人作业。

(2)夜间作业要实施巡查制度。

4. 事件启示

"安全优先"政策在执行中并未得到有效贯彻执行。

(六)思考题

如何针对滩海测量作业的风险控制措施进行监督?

二、滩海钻井作业

滩海钻井作业是指按作业任务书在测量测定的激发点,使用钻井机械或钻具,在激发点进行钻井的作业。钻井作业存在物体打击、溺水、机械伤害、触电、交通伤害、地下管线破坏、环境污染等风险。

（一）监督内容

（1）岗位 HSE 培训和岗位技术培训情况，本岗位 HSE 技能掌握情况。

（2）安全职责和属地职责的履行情况。

（3）班前会执行情况。

（4）劳动防护用品的配备和使用情况。

（5）安全活动和安全检查的实施情况。

（6）属地内设备设施完整有效性。

（7）应急演练、应急处置、应急物资配备。

（二）主要监督依据

Q/SY 1124.1—2012《石油企业现场安全检查规范 第1部分：物探地震作业》；

Q/SY BGP·G0204—2015《滩海物探队健康、安全、环境管理规定》；

BGP·DG/HSE/THZY5.515—51《滩涂钻工岗位作业指导书》。

（三）监督控制要点

（1）作业前检查钻井各岗位作业人员相关资质。

> 监督依据标准：Q/SY BGP·G0204—2015《滩海物探队健康、安全、环境管理规定》。
> 4 出海人员管理
> 4.1 船员身体健康，无传染性疾病，持适合本船级别的岗位适任证书。
> 4.2 出海作业人员体检后身体健康状况符合要求，并经过海洋石油作业安全救生培训，取得相关证书。
> 4.3 临时出海人员应接受物探队现场安全教育。

（2）作业人员劳动防护用品穿戴和使用情况。

> 监督依据标准：Q/SY BGP·G0204—2015《滩海物探队健康、安全、环境管理规定》，BGP·DG/HSE/THZY5.515—51《滩涂钻工岗位作业指导书》。
> Q/SY BGP·G0204—2015《滩海物探队健康、安全、环境管理规定》：
> 7 放线、钻井安全管理要求
> 7.1 放线、钻井应制定操作程序，并严格执行；涉水作业人员应穿戴工作救生衣。

7.2 木船放线作业和钻井作业时,人员应正确穿戴工作救生衣、佩戴安全帽等劳保用品。

BGP·DG/HSE/THZY5.515—51《滩涂钻工岗位作业指导书》:

2 岗位风险提示和操作程序

2.1 岗位风险提示

水深超过1m未配备乘运工具;未正确穿戴合格有效救生衣、捞浮球未戴手套;未正确穿戴下水裤。

（3）班前会召开情况。

（4）钻井作业现场施工应符合以下要求:

① 日常检查:

——劳保穿戴情况、钻井设备工具。

——钻井现场安全距离、警戒情况。

② 钻井作业:

——应根据水深变化采用不同作业方式,水深小于1m时宜采用人抬钻涉水作业,水深1~3m时宜采用简易平台作业。采用简易平台作业时,平台应平稳、牢固。

——按时收集天气预报,遇有蒲氏五级以上风力、雷雨天气和能见度低于200m的雾天应停止作业。

——滩涂作业应根据潮汐表,合理安排作业时窗,关注水深变化,水深超过1.0m时应及时撤离或配备作业乘运工具。

——滩涂淤陷区域,应配备便携式橡皮船和绳索,且三人以上同行。

——所有涉水作业人员应穿救生衣,不可单人涉水作业。

监督依据标准:BGP·DG/HSE/THZY5.515—51《滩涂钻工岗位作业指导书》,Q/SY BGP·G0204—2015《滩海物探队健康、安全、环境管理规定》,Q/SY 1124.1—2012《石油企业现场安全检查规范 第1部分:物探地震作业》。

BGP·DG/HSE/THZY5.515—51《滩涂钻工岗位作业指导书》:

3 日常检查点及主要检查内容

3.1 出工前检查自身劳保穿戴情况、检查钻井设备工具。

3.2 施工中检查安全距离、警戒情况。

3.3 清点所使用的工具、将作业现场进行恢复。

3.4 附件:滩涂钻井组检查表

Q/SY BGP·G0204—2015《滩海物探队健康、安全、环境管理规定》：

5 船舶安全管理要求

5.1 基本要求

5.1.8 海上搬迁应在蒲氏五级及以下风力、能见度大于200m视线良好的情况下进行，并随时与岸基保持联系。

7 放线、钻井安全管理要求

7.1 放线、钻井应制定操作程序，并严格执行；涉水作业人员应穿戴工作救生衣。

7.2 木船放线作业和钻井作业时，人员应正确穿戴工作救生衣、佩戴安全帽等劳保用品。

7.3 木船放线作业时，应采取防滑、防磕碰、防人员落水等措施。

7.4 滩涂钻井作业，应根据水深变化采用不同作业方式，水深小于1m时宜采用人抬钻涉水作业，水深1m～3m时宜采用简易平台作业。采用简易平台作业时，平台应平稳、牢固。

7.5 滩涂涉水作业应根据该区域潮汐表，安排作业时窗，关注水深变化，当水深超过1.0m时应及时撤离或配备作业乘运工具。

7.6 滩涂淤泥较深时，应采取措施防止淤陷。

7.7 任何人员不应随意远离作业区域，不允许单人涉水作业。

Q/SY 1124.1—2012《石油企业现场安全检查规范 第1部分：物探地震作业》：

4.1.2.17 钻井组长

——按计划组织班组安全活动、安全检查和安全培训；

——负责组织本班组的应急演练、应急处置和应急物品的管理；

钻井组长现场安全检查内容应包括属地内设备设施、场所、人员及劳动防护用品的穿戴，钻井作业现场、钻井设备、民爆物品储存箱、水罐车、运输车。

4.1.2.19 钻工

——对钻杆、工具的放置情况进行检查；

钻工现场安全检查内容应包括属地内设备设施、工器具和场所、井场及周边环境。

（四）典型"三违"行为

（1）作业时，不按规定穿戴劳保护品。

（2）钻具和民爆物品同船运输。

（3）距高压线25m内打井作业。

（4）在车下及周围躺卧休息。

（5）滩涂淤陷区域作业,未三人以上同行;单人涉水作业。

（6）人员、钻具、雷管、炸药在同一橡皮艇上使用其他动力船只拖带运输。

（7）镦钻作业卸套管时使用重锤敲击。

（五）典型案例

滩涂打井作业人货混装带来的灾难。

1. 简要经过

1989年8月,某物探处滩海施工使用柴油机手摇钻打井作业,钻具与钻工同车拉运;下午收工途中卡车处理紧急情况急刹车,造成车上钻具前冲撞击到车上职工高某身上,后送医院抢救无效死亡。

2. 主要原因

（1）人货混装,钻具没有固定。

（2）司机紧急情况处理不当。

3. 事故教训

（1）严禁人货混装。

（2）做好司机防御性驾驶培训,落实车辆运输管理要求。

4. 事件启示

"人货混装"现象在施工中经常出现,而一旦出事,后果严重。

（六）思考题

手摇钻涉水打井作业风险点源有哪些?如何监督检查?

三、炸药包制作与下药

滩海物探作业炸药包制作与下药是将雷管与震源药柱按照操作规程组合在一起,使用爆炸杆将炸药包下至井中,并做好水面标志的过程。此项作业过程涉及民用爆炸物品丢失、被盗、意外爆炸、溺水和交通等风险。

（一）监督内容

（1）涉爆岗位HSE培训和岗位技术培训情况,本岗位HSE技能掌握情况,持证上岗情况。

（2）班前会执行情况。

（3）防静电劳动防护用品的配备和使用情况。

（4）安全职责和属地职责的履行情况：

——落实属地管理职责，对进入警戒区的人员进行安全提示；

——按操作规程的要求领取、保管、使用、交回民爆物品；

——按照全过程短路法进行包药作业，严禁长距离（30m）搬运炸药包；

——每次领取、交回民爆物品、包药工作完成后和药包下井后，及时进行记录；

——下药遇卡时，按操作规程的要求进行处置；

——药包下井后上浮的检查情况；

——对警戒区及周边环境的检查情况；

——按规定对包药、下药全过程进行录像。

（5）安全活动和安全检查的实施情况。

（6）属地内工器具完整有效性。

（7）应急演练、应急处置、应急物资配备。

（二）主要监督依据

SY 5857—2013《石油物探地震作业民用爆炸物品管理规范》。

Q/SY 1124.1—2012《石油企业现场安全检查规范 第1部分：物探地震作业》；

Q/SY BGP·G0204—2015《滩海物探队健康、安全、环境管理规定》。

（三）监督控制要点

（1）作业前检查包药工、下药工及相关人员资质。

监督依据标准：SY 5857—2013《石油物探地震作业民用爆炸物品管理规范》。

3.16 涉爆人员

在作业现场管理、接触、使用、看护民爆物品的人员，包括爆破工程技术人员、安全员、爆破作业人员（包药工、下药工、爆炸机操作员、清线工）、民爆物品运输车驾驶员、押运员、民爆物品仓库管理人员（保管员、警卫员）。

4.3 物探队应组织涉爆人员进行民爆物品安全管理知识、专业技能的内部培训，考核合格后上岗，其中爆破工程技术人员、安全员、保管员、爆破作业人员应取得公安机关核发的上岗资格证，押运员、民爆物品运输车驾驶员应取得地方交通主管部门核发的危险货物运输从业资格证，方可上岗操作。

8.1.1.1 物探队在施工前应组织涉爆人员进行民用爆物品安全管理、专业技术知识的内部培训，考核合格后上岗。

（2）包药工、下药工劳动防护用品穿戴和使用情况。

> 监督依据标准：SY 5857—2013《石油物探地震作业民用爆炸物品管理规范》。
> 4.5 涉爆人员应执行定岗、定责和爆炸作业各种安全距离的规定。做到持证上岗，穿戴防静电护品上岗。
> 8.1.1.7 未穿戴防静电护品人员不应接触民爆物品。

（3）班前会召开情况。
（4）炸药包制作与下药作业现场施工应符合以下要求：
① 作业现场搬运民用爆炸物品符合法律、法规与标准要求。
② 炸药包制作：

——制作炸药包时，应设置半径不小于15m的警戒区，包药点距炸药箱距离不应小于15m，包药点与无线电设施距离符合要求。

——不应距井口30m以外制作炸药包，同一个炮点不准同时包药。

——每次只能取用一口井所用的炸药、雷管，执行随取随用，随包随下的原则。取用雷管应疏管拿取，不应牵管抽线，雷管脚线不应提前剪短，脚线剥皮应使用铜制剥线钳，禁止牙咬、手拽。取用炸药应轻拿轻放，不准随意扔甩，禁止提前摆放或乱堆乱放炸药。

——在制作药包过程中，雷管线和炮线必须全过程短路。

——同一炮点不准同时存放两个及两个以上炸药包，多井组合也应制作一包，下井一包。同一炮点禁用两套及以上炮线，多井组合时采用单一主炮线，主炮线与组合炮线应有明显区别。炸药包制作完毕后应立即下井，不应在船上存放。

——遇有雷雨、风暴、大雾等恶劣天气情况时，应立即停止涉爆作业。

——涉爆作业场所禁止吸烟、动火，严禁使用民爆器材烤火取暖。

——滩涂作业药包应安装防浮帽，轻提炮线以防上浮并设有明显标志。

——包药船设立200m警戒区。

——涉爆船应配备通讯、救生、消防设备。

——无关人员禁止登船。

——雷管、炸药分别装在专用的贮存箱内，在规定范围内可同船运输。

——动用雷管、炸药作业时，通信设备应处于关闭状态。

> 监督依据标准：SY 5857—2013《石油物探地震作业民用爆炸物品管理规范》，Q/SY 1124.1—2012《石油企业现场安全检查规范 第1部分：物探地震作业》，Q/SY BGP·G0204—2015《滩海物探队健康、安全、环境管理规定》。

SY 5857—2013《石油物探地震作业民用爆炸物品管理规范》：

4.5 涉爆人员应执行定岗、定责和爆炸作业各种安全距离的规定。做到持证上岗，穿戴防静电护品上岗。

4.6 涉爆场所禁区内禁止吸烟、禁止动用明火，禁止使用无线通信设施。

4.7 遇雷雨、大雾、沙尘暴等恶劣天气情况时，应立即停止涉爆作业。

8.1.1.7 未穿戴防静电护品人员不应接触民爆物品。

8.1.3.1 制作炸药包时，应设置警戒区，警戒距离不小于15m。包药点与装有通信电台的车辆按表6的规定保持安全距离。包药点应与高压输电线路保持20m的安全距离。

8.1.3.2 严禁在车上制作炸药包。

8.1.3.3 一次只能取用一口井所用的炸药、雷管，执行随取随用，随包随下的原则。取用雷管应梳管拿取，不应牵管抽线，雷管脚线不应提前剪短，脚线剥皮应使用工具。取用炸药应轻拿轻放，不准随意扔甩，不应提前撒药。

8.1.3.4 制作药包时，便携式雷管箱与震源药柱应置于包药工视线范围内距其不大于2m的地方。

8.1.3.5 在制作药包过程中，应做到全过程短路，释放静电后方可作业。

8.1.3.6 每制作一包后，应及时记录在《物探队钻井（下药）班报》（见附录A）和《物探队钻井（下药）班报》（背面）（见附录E.2）。

8.1.3.7 做好炸药包后，炮线应绕在炸药包上并打结，若炸药包为多个药柱组成，应最后装起爆药柱。制作好的炸药包应安装防上浮器或采取其他防上浮措施。

8.1.3.8 同一炮点不应同时包装、存放两个或两个以上炸药包，多井组合应包完一包，下井一包。

8.1.4 炸药包下井

8.1.4.1 单井作业钻机驶离井口5m以外，组合井作业钻机移动到下一井口，方可开始下药。

Q/SY 1124.1—2012《石油企业现场安全检查规范 第1部分：物探地震作业》：

4.1.2.20 包药工

——落实属地管理职责，对进入警戒区的人员进行安全提示；

——按操作规程的要求领取、保管、使用、交回民爆物品；

——制作药包离开钻机15m以上，包药前对警戒区进行查看；

——按照全过程短路法进行包药作业，严禁长距离（30m）搬运炸药包；

——每次领取、交回民爆物品、包药工作完成后和药包下井后,及时进行记录。

包药工现场安全检查内容应包括属地内设备设施、工器具与场所,警戒区及周边环境。

4.1.2.21 下药工

——下药遇卡时,按操作规程的要求进行处置;

——按规定要求进行埋井。

下药工现场安全检查内容应包括属地设备设施、工器具与场所,药包下井后上浮情况。

Q/SY BGP·G0204—2015《滩海物探队健康、安全、环境管理规定》:

8.1 滩涂爆炸作业安全管理要求:

a)涉爆作业船应按照规定配备通信设备、救生器材、消防器材。

b)不允许与爆炸作业的无关人员登上涉爆作业船。

c)在雷管箱开启期间和包药、送药包过程中,应关闭通信设施。

8.2 工地民爆器材运输

8.2.1 雷管、炸药分别装在专用的贮存箱内。

8.2.2 当满足下列要求时,炸药和雷管方可同船运输:

a)雷管存放在标准防爆罐内,防爆罐固定在船的一侧,根据防爆罐的型号最大存量为300发。

b)炸药存放在专用的炸药箱内,与防爆罐的距离大于1m,炸药大存量为1000kg。

8.2.3 装有雷管、炸药的船舶,应停泊在航线以外的安全地点。距码头、建筑物及其他船舶的安全距离应不少于250m;船舶靠岸时,岸上50m以内不应有无关人员进入。

8.3 包药下药

8.3.1 包药下药作业船应设立标识,200m内不应有无关人员和船舶。

8.3.2 包药下药作业船应远离海沟、水流较急的水域。

8.3.3 船与船之间传递炸药、雷管时,两船应靠紧停稳后,手对手进行传递。

8.3.4 在钻井船上从事包药操作,应执行以下要求:

a)雷管应存放在标准防爆罐内,防爆罐固定在船的一侧,根据防爆罐的型号最大存量为100支。

b)炸药应存放在专用的贮存箱内,与防爆罐的距离应大于1m,炸药量宜为单井药量,最大存量不大于24kg。

c)钻井完钻方可包药,随包随下,不允许提前将包好的药包放在船上。

d）包药前,包药工应先检查炮线短路良好,释放静电后再取雷管,采取全过程短路方式包药。

　　e）药包应安装防浮帽,以防上浮。

　　8.3.5　下药期间,200m内不应使用电台、对讲机等射频工具。

　　8.3.6　当药包下到规定深度后,应轻提炮线确定药包无上浮,并应设有明显标志。

(四)典型"三违"行为

（1）包药过程未全程短路。

（2）装有电台船只或持有无线电设施的人员进入包药警戒区。

（3）未使用铜制剥线钳进行雷管脚线剥皮作业。

（4）未正确穿戴防静电护品进行涉爆作业。

（5）不及时记录班报,不及时记录炸药雷管编码。

（6）提前包药。

（7）长距离(30m外)运送炸药包。

（8）包药工身上装有打火机等火种。

（9）提前发、放药。

（10）不使用专用爆炸杆下药,使用钻杆或其他工具强压炸药包。

（11）炸药包下井后不轻提炮线检查药包是否上浮。

（12）一个物理点同时包多发药包。

（13）违章水中放炮。

（14）不使用专用箱、包装运炸药。

（15）炸药在船上乱扔乱放。

（16）无关人员和民爆物品同船运输。

（17）炸药、雷管同船运输不满足相关要求。

（18）不及时记录班报,不及时记录炸药雷管编码。

（19）包、下药过程没有做到全程录像。

(五)典型案例

滩涂打井炸药丢失。

1. 简要经过

2005年8月,某物探地震队在海边工农兵闸口进行滩涂施工,使用无动力橡皮艇拖带手摇钻打井作业。当天下午 5 点左右,工地钻井组打电话说收工清点炸药发现少 1kg,看看先回来的钻井车辆上是否能找到,随即到车场查看,在翻遍了车上的橡皮艇后,终于在一条艇的夹缝中发现了一团泥巴,扒开泥巴当看到蓝色的炸药外壳,心才算放下。

2. 主要原因

(1) 专用炸药背包经海水浸泡损坏,使用前未进行检查。
(2) 炸药未放置在指定位置。
(3) 井监未按要求随时清点民爆物品账物是否相符。

3. 事故教训

(1) 涉爆设备设施及时进行日常检查。
(2) 民爆物品必须放置在指定位置。
(3) 现场管理人员、操作人员必须严格落实属地职责。

4. 事件启示

特殊地形民爆物品的现场使用,需要我们特别关注。

(六) 思考题

(1) 滩涂、卤池、沼泽民爆物品现场使用的监督重点有哪些?
(2) 潮前带赶着潮水打井作业,现场民爆物品使用如何监督?

四、滩海收放线

滩海收放线是使用船只及特种设备(空气船)将地震电缆按照测量预先设定的标志投放到检波点;该作业涉及溺水、触电、机械伤害、船只碰撞和交通伤害等风险。

(一) 监督内容

(1) 岗位 HSE 培训和岗位技术培训情况,本岗位 HSE 技能掌握情况。
(2) 安全职责和属地职责的履行情况。
(3) 班前会执行情况。
(4) 劳动防护用品的配备和使用情况。
(5) 交通安全管理的执行情况。
(6) 安全活动和安全检查的实施情况。
(7) 属地内设备设施完整有效性。
(8) 收/放线作业程序的执行情况。
(9) 应急演练、应急处置、应急物资配备。

（二）主要监督依据

Q/SY 1124.1—2012《石油企业现场安全检查规范 第1部分：物探地震作业》；
Q/SY BGP·G0204—2015《滩海物探队健康、安全、环境管理规定》。
BGP·DG/HSE/THZY5.515—54《滩涂放线工岗位作业指导书》。

（三）监督控制要点

（1）作业前检查收/放线作业人员相关资质。

> 监督依据标准：Q/SY BGP·G0204—2015《滩海物探队健康、安全、环境管理规定》：
> 4 出海人员管理
> 4.1 船员身体健康，无传染性疾病，持适合本船级别的岗位适任证书。
> 4.2 出海作业人员体检后身体健康状况符合要求，并经过海洋石油作业安全救生培训，取得相关证书。
> 4.3 临时出海人员应接受物探队现场安全教育。

（2）收/放线作业人员劳动防护用品穿戴和使用情况。

> 监督依据标准：Q/SY BGP·G0204—2015《滩海物探队健康、安全、环境管理规定》，BGP·DG/HSE/THZY5.515—54《滩涂放线工岗位作业指导书》。
> Q/SY BGP·G0204—2015《滩海物探队健康、安全、环境管理规定》：
> 4 出海人员管理
> 4.7 按规定穿戴劳动防护用品，涉水作业时应按要求穿戴工作救生衣。
> BGP·DG/HSE/THZY5.515—54《滩涂放线工岗位作业指导书》：
> 2 岗位风险提示和操作程序
> 2.1 岗位风险提示
> 水深超过1m未配备乘运工具；未正确穿戴合格有效救生衣、捞浮球未戴手套；未正确穿戴下水裤。

（3）班前会召开情况。
（4）收/放线作业现场施工应符合以下要求：
——所有涉水作业人员应穿救生衣，两人以上进行作业，互相保护；
——水深超过1m深的区域，应配备船舶；
——滩涂淤陷区域，应配备便携式橡皮船和绳索等保护措施；
——及时收集作业区域天气预报，遇有蒲氏五级以上风力、雷雨天气和能见度低于

200m 的雾天应停止海上作业；

——木船放线作业时，应采取防滑、防磕碰、防人员落水等措施。

> 监督依据标准：Q/SY BGP·G0204—2015《滩海物探队健康、安全、环境管理规定》，Q/SY 1124.1—2012《石油企业现场安全检查规范 第1部分：物探地震作业》。
>
> Q/SY BGP·G0204—2015《滩海物探队健康、安全、环境管理规定》：
>
> 5 船舶安全管理要求
>
> 5.1 基本要求
>
> 5.1.6 船外机橡皮艇和空气船遇蒲氏五级以上大风、雷雨、大雾（能见度低于200m）等恶劣天气时，应停止使用，并采取有效避风措施。其他船舶，当风力超过证书规定的抗风等级时，不应出海作业，并采取有效避风措施。
>
> 7 放线、钻井安全管理要求
>
> 7.1 放线、钻井应制定操作程序，并严格执行；涉水作业人员应穿戴工作救生衣。
>
> 7.2 木船放线作业和钻井作业时，人员应正确穿戴工作救生衣、佩戴安全帽等劳保用品。
>
> 7.3 木船放线作业时，应采取防滑、防磕碰、防人员落水等措施。
>
> 7.5 滩涂涉水作业应根据该区域潮汐表，安排作业时窗，关注水深变化，当水深超过1.0m时应及时撤离或配备作业乘运工具。
>
> 7.6 滩涂淤泥较深时，应采取措施防止淤陷。
>
> 7.7 任何人员不应随意远离作业区域，不允许单人涉水作业。
>
> Q/SY 1124.1—2012《石油企业现场安全检查规范 第1部分：物探地震作业》：
>
> 4.1.2.24 放线班长
>
> ——按计划组织班组安全活动、安全检查和安全培训；
>
> ——负责组织本班组的应急演练、应急处置和应急物品的管理；
>
> ——严禁超员载人和客货混装；
>
> 放线班长现场安全检查内容应包括属地内设备设施、工器具与场所、人员及劳动防护用品穿戴，放线作业现场、载人车辆、运输车辆。
>
> 4.1.2.25 放（收）线工
>
> ——按要求装卸电缆线、检波器串，严禁在车辆行进中装线和撒线；
>
> ——按规定要求乘车，严禁在车下乘凉；
>
> ——随时检查作业现场环境。
>
> 放（收）线工现场安全检查内容应包括属地内设备设施、工器具与场所。

7.3 木船放线作业时,应采取防滑、防磕碰、防人员落水等措施。

7.5 滩涂涉水作业应根据该区域潮汐表,安排作业时窗,关注水深变化,当水深超过1.0m时应及时撤离或配备作业乘运工具。

7.6 滩涂淤泥较深时,应采取措施防止淤陷。

7.7 任何人员不应随意远离作业区域,不允许单人涉水作业。

(四)典型"三违"行为

(1)未按规定穿戴符合标准的劳动防护用品。

(2)临时吊装挂机艇、空气船时,不使用绳索牵引。

(3)在行驶的挂机艇、空气船上站立。

(4)在挂机艇、空气船上吸烟。

(5)下海游泳。

(6)木船放缆作业时不戴安全帽。

(7)单人涉水作业。

(8)在木船底舱休息时动火吸烟。

(9)船只行进中上下人员、装卸货物。

(10)海上吊装作业人员在挂机艇中一同起吊。

(11)违反规定采取跳跃方式登船。

(12)违规大风天气进行施工作业。

(五)典型案例

恶劣天气施工作业造成的灾难。

1. 简要经过

2014年7月,某物探队在山东渤海莱州湾海域进行夜间海上放缆作业。由于电瓶卡箍螺杆预留过长,又值大风天气,向海中投掷电瓶时挂在救生衣的绳带上,40kg重的电瓶将员工直接拽到海里。

2. 主要原因

(1)风险识别不全,工序工作安全分析疏漏。

(2)电瓶卡箍螺杆预留过长。

(3)恶劣天气违章施工。

(4)单人投掷电瓶。

（5）日常监管不到位。

3. 事故教训

（1）及时梳理施工各环节的高风险作业,并利用工作安全分析制订控制措施。

（2）及时掌握天气状况,合理安排施工作业。

（3）电瓶搬运、投掷等作业符合人机工程要求。

4. 事件启示

海上施工,要使用"工作安全分析"对每个作业岗位进行梳理,不可疏漏。

（六）思考题

（1）海上作业人员施工安全培训方面的监督要点有哪些?

（2）海上作业风险识别方面的监督要点有哪些?

（3）船舶驾驶人员的驾驶技能如何保证?怎么监督?

五、滩海井炮激发

井炮激发是由爆破操作人员使用专用设备引爆井内炸药包的作业。滩海井炮激发的主要风险包括双炮线施工接错炮线、民用爆炸物品意外爆炸、飞溅物、有毒气体、地表塌陷、溺水、触电等。

（一）监督内容

（1）岗位 HSE 培训和岗位技术培训情况,本岗位 HSE 技能掌握情况。

（2）安全职责和属地职责的履行情况:

——作业前,核对任务书,确认炮点情况,对作业点及周围进行查看;

——现场人员与炮点保持安全距离;

——对外来人员进行安全提示;

——作业前,对炮点与建(构)筑物、公共设施的安全距离进行核对;

——警戒信息的有效传递;

——如实填写爆炸班报,哑炮及时登记上报。

（3）班前会执行情况。

（4）劳动防护用品的配备和使用情况。

（5）安全活动和安全检查的实施情况。

（6）属地内设备设施完整有效性。

（7）应急演练、应急处置、应急物资配备。

(二) 主要监督依据

SY 5857—2013《石油物探地震作业民用爆炸物品管理规范》；

Q/SY 1124.1—2012《石油企业现场安全检查规范　第1部分：物探地震作业》；

Q/SY BGP·G0204—2015《滩海物探队健康、安全、环境管理规定》；

BGP·DG/HSE/THZY5.515—53《滩涂爆炸工岗位作业指导书》。

(三) 监督控制要点

（1）作业前检查井炮激发作业人员相关资质。

检查井炮激发爆炸机操作员的"爆破员作业证"；井炮激发爆炸工的涉爆证件。

> 监督依据标准：Q/SY BGP·G0204—2015《滩海物探队健康、安全、环境管理规定》，SY 5857—2013《石油物探地震作业民用爆炸物品管理规范》。
>
> Q/SY BGP·G0204—2015《滩海物探队健康、安全、环境管理规定》：
>
> 4　出海人员管理
>
> 4.1　船员身体健康，无传染性疾病，持适合本船级别的岗位适任证书。
>
> 4.2　出海作业人员体检后身体健康状况符合要求，并经过海洋石油作业安全救生培训，取得相关证书。
>
> 4.3　临时出海人员应接受物探队现场安全教育。
>
> SY 5857—2013《石油物探地震作业民用爆炸物品管理规范》：
>
> 3.16　涉爆人员
>
> 在作业现场管理、接触、使用、看护民爆物品的人员，包括爆破工程技术人员、安全员、爆破作业人员（包药工、下药工、爆炸机操作员、清线工）、民爆物品运输车驾驶员、押运员、民爆物品仓库管理人员（保管员、警卫员）。
>
> 4.3　物探队应组织涉爆人员进行民爆物品安全管理知识、专业技能的内部培训，考核合格后上岗，其中爆破工程技术人员、安全员、保管员、爆破作业人员应取得公安机关核发的上岗资格证，押运员、民爆物品运输车驾驶员应取得地方交通主管部门核发的危险货物运输从业资格证，方可上岗操作。
>
> 8.1.1.1　物探队在施工前应组织涉爆人员进行民用爆破物品安全管理、专业技术知识的内部培训，考核合格后上岗。

（2）井炮激发作业人员劳动防护用品穿戴和使用情况。

> 监督依据标准：SY 5857—2013《石油物探地震作业民用爆炸物品管理规范》，BGP·DG/HSE/THZY5.515—53《滩涂爆炸工岗位作业指导书》。

> SY 5857—2013《石油物探地震作业民用爆炸物品管理规范》:
> 4.5 涉爆人员应执行定岗、定责和爆炸作业各种安全距离的规定。做到持证上岗,穿戴防静电护品上岗。
> 8.1.1.7 未穿戴防静电护品人员不应接触民爆物品。
> BGP·DG/HSE/THZY5.515—53《滩涂爆炸工岗位作业指导书》:
> 1 滩涂爆破作业操作指南
> 1.1.2 例行检查
> 1)安全帽、手套、防静电服、工作鞋、救生衣等是否齐全。
> 2)身体不适或受酒精、药品的影响,不得从事爆炸作业。
> 3)当日的施工路线和HSE注意事项是否清楚。

(3)班前会召开情况。

(4)井炮激发作业现场应符合以下要求:

① 放炮前,应对其他船只、人员发出信号,以防误入警戒区域;在确认爆炸点浮标显示清楚、正确、警戒区安全时,轻提炮线确定药包无上浮,方可接受放炮指令导通爆炸工作系统。

② 作业人员乘坐的爆炸作业船应在爆炸点的侧流、侧风方向,且固定位置,并确认船只稳定不再移位时方可放炮,爆炸站距炮点距离一般为:

——爆炸作业船距爆炸点的安全距离应不小于100m;

——滩海爆炸点周围设置警戒区,爆炸点警戒半径200m内不应有其他船只,半径600m内水中不应有任何人员。

③ 爆炸站的作业人员应戴好安全帽。

④ 不准用爆炸机以外的电源放炮,严禁用双套及以上炮线放炮。

⑤ 当爆炸不成功时,应立即切断爆炸机电源,并将炮线短路后,方可进入现场检查。

⑥ 发生哑炮(盲炮),应立即拔掉加长线,加长线和炮线均短路,确认安全后消除警戒,查找原因;地方政府有规定的,按其规定执行。

⑦ 多台爆炸机作业时,应听从仪器操作员统一指挥,不应提前将炮线连接到爆炸机;当接收到本爆炸点"准备放炮"指令后方可将炮线连接到爆炸机。

⑧ 每放一炮,应及时填写爆炸班报,严禁提前填写班报。

⑨ 特殊地形激发,按特殊要求进行作业。

⑩ 禁止放水中炮。

⑪ 夜间放炮执行相关规定。

⑫ 现场生产垃圾要清理回收。

监督依据标准：SY 5857—2013《石油物探地震作业民用爆炸物品管理规范》，Q/SY BGP·G0204—2015《滩海物探队健康、安全、环境管理规定》，Q/SY 1124.1—2012《石油企业现场安全检查规范 第1部分：物探地震作业》。

SY 5857—2013《石油物探地震作业民用爆炸物品管理规范》：

8.1.5.1 爆炸站的操作人员应穿防静电护品、戴好安全帽。

8.1.5.2 在放炮前，警戒人员应检查井口周围的危险区内有无房屋、桥梁、水堤、输电通信线路和输油、输气管道等建筑物、构筑物，如有并对其构成威胁时，不应放炮。在确保其安全距离的情况下，方可放炮。

8.1.5.3 爆炸机操作员放炮前应检查并确认炸药包无上浮，方准将炮线引至爆炸站，由爆炸机操作员亲自连接炮线。不应使用爆炸机以外的任何电源进行爆炸作业。

8.2.1 水域地区民爆物品使用应遵守平原地区民爆物品使用管理的有关规定。

8.2.2 在水域地区进行地震勘探爆炸作业时，应事先取得政府主管部门的同意和许可，并遵守有关规定。

8.2.3 不应在浓雾、夜间和六级以上大风等恶劣天气进行爆炸作业，执行已审批的夜间作业许可。

8.2.4 爆炸作业船应按规定配备救生器材、消防器材，非爆炸作业人员不应上爆炸作业船。

8.2.5 爆炸作业船按海事要求配备通信设备的，在工作期间应处于关闭状态，遇有紧急情况时，在保证安全的前提下允许使用。

8.2.6 爆炸作业船距爆破点的安全距离不小于100m。

8.2.7 爆炸作业船通信设备应保证与其他勘探船的联系畅通，爆炸作业船上的通信设备与民爆物品的安全距离按表6执行。

8.2.8 装运民爆物品的作业船与其他作业船只的距离应在200m以上，船上设警告标志，在雷管箱开启期间和包药过程中，应关闭通信设备。

8.2.9 水域放炮应专船专用，制作炸药包与放炮不应同船作业。

8.2.10 井中炸药包相对的水面上应有明显的浮标标志；检波点浮标应与炮点浮标用不同颜色加以区别。

8.2.11 炸药包制作完毕后应立即下井，不应在船上存放。

8.2.18 炸药包发生拒爆时，应切断电源，并将炮线短路方可进入现场检查。

Q/SY BGP·G0204—2015《滩海物探队健康、安全、环境管理规定》：

8.4 爆炸作业

8.4.1 爆炸作业船应符合安全管理要求，专船专用。

8.4.2 爆炸作业船距爆炸点的安全距离应不小于100m。

8.4.3 爆炸点周围设置警戒区，爆炸点警戒半径200m内不应有其他船只，半径600m内水中不应有任何人员。

8.4.4 放炮前，应对其他船只、人员发出信号，以防误入警戒区。

8.4.5 在确认爆炸点浮标显示清楚、正确、警戒区安全时，轻提炮线确定药包无上浮，方可接受放炮指令导通爆炸工作系统。

8.4.6 作业人员乘坐的爆炸作业船应在爆炸点的侧流、侧风方向，且固定位置，并确认船只稳定不再移位时，方可放炮。

8.4.7 当爆炸不成功时，应立即切断爆炸机电源，并将炮线短路后，方可进入现场检查。

8.4.8 多台爆炸机作业时，应听从仪器操作员统一指挥，不应提前将炮线连接到爆炸机。当接收到本爆炸点"准备放炮"指令后方可将炮线连接到爆炸机。

8.4.9 不应将废旧炮线、雷管线、药箱等抛弃作业现场。

8.4.10 不应放水中炮。

Q/SY 1124.1—2012《石油企业现场安全检查规范 第1部分：物探地震作业》：

4.1.2.31 爆炸班长

——作业前，对作业点及周围进行查看；

——监控作业流程及各岗位的职责落实，确保炮线与爆炸机连接前现场所有人员与炮点保持安全距离；

——按计划组织班组安全活动、安全检查和安全培训；

——负责组织本班组的应急演练、应急处置和应急物品的管理；

爆炸班长现场安全检查内容应包括属地内设备设施、场所、人员及劳动防护用品穿戴。

4.1.2.32 爆炸机操作员

——对外来人员进行安全提示；

——按操作规程的要求领取、保管、使用和交回民爆物品；

——作业前，对炮点与建（构）筑物、公共设施的安全距离进行核对；

——将炮线接入爆炸机前，确认现场所有人员与炮点保持安全距离；

——负责发布和接触警戒指令。

爆炸机操作员现场安全检查内容应包括属地内设备设施与场所,作业现场周边情况。

4.1.2.33 爆炸辅助工

——协助爆炸机操作员连接炮线,确认现场所有人员与炮点保持安全距离后方可将炮线交与爆炸机操作员连接爆炸机;

——按爆炸机操作员的指令进行现场警戒,发现异常立即报告爆炸机操作员。

爆炸辅助工现场安全检查内容应包括属地内设备设施、工器具与场所,作业现场及周边情况。

(四)典型"三违"行为

(1)爆炸站设置不当,距离炮点的安全距离也不符合要求:

——爆炸作业船距爆炸点的安全距离应不小于100m;

——滩海爆炸点周围设置警戒区,爆炸点警戒半径200m内不应有其他船只,半径600m内水中不应有任何人员。

(2)放炮前未轻提炮线检查炸药包上浮情况。

(3)提前将炮线接入爆炸机,提前充电。

(4)不及时逐炮填写爆炸班报。

(5)不按要求穿戴防护用品。

(9)放炮前,对其他船只、人员未发出警戒信号。

(10)放水中炮。

(11)废旧炮线、雷管线、药箱不回收。

(五)典型案例

释放水中炮造成的灾难。

1. 简要经过

1990年夏季,某物探队在渤海辽东湾辽河口附近施工,采取放水中炮方式组织生产;挂机艇放炮船将炸药包投掷到海水中,海流将炸药包冲到挂机艇底下爆炸,艇上2人当场死亡。

2. 主要原因

(1)安全意识淡薄。

(2)放水中炮组织生产。

3. 事故教训

(1)加强海上作业人员安全培训,提高人员安全意识。

（2）改进井炮激发施工方法，降低施工风险。

4. 事件启示

安全监督人员面对重大施工违章问题，要敢于面对坚决抵制。

（六）思考题

（1）如何杜绝滩海爆破作业近距离放炮的违章作业行为？

（2）滩海爆破作业的监督要点有哪些？

六、震源船作业

震源船作业是在水域使用船载气枪进行震源激发的物探作业，涉及溺水、噪声、高压气体伤害、碰撞、倾覆、迷航、火灾等风险。

（一）监督内容

（1）岗位HSE培训和岗位技术培训情况，本岗位HSE技能掌握情况，相关人员持证情况。

（2）安全职责和属地职责的履行情况：

——对外来人员进行安全提示；

——操作手按操作规程操作并进行维护保养；

——震源系统的压力容器应定期检测。

（3）班前会执行情况。

（4）劳动防护用品的配备和使用情况。

（5）安全活动和安全检查的实施情况。

（6）属地内设备设施完整有效性。

（7）应急演练、应急处置、应急物资配备。

（二）主要监督依据

GB/T 12801—2008《生产过程安全卫生要求总则》；

Q/SY 1124.1—2012《石油企业现场安全检查规范 第1部分：物探地震作业》；

Q/SY BGP·G0204—2015《滩海物探队健康、安全、环境管理规定》。

（三）监督控制要点

（1）作业前检查震源船作业人员相关资质。

检查震源船气爆工的"操作证""四小证"；检查震源船船员的"船员证"。

监督依据标准：Q/SY BGP·G0204—2015《滩海物探队健康、安全、环境管理规定》，GB/T 12801—2008《生产过程安全卫生要求总则》。

Q/SY BGP·G0204—2015《滩海物探队健康、安全、环境管理规定》：

4　出海人员管理

4.1　船员身体健康，无传染性疾病，持适合本船级别的岗位适任证书。

4.2　出海作业人员体检后身体健康状况符合要求，并经过海洋石油作业安全救生培训，取得相关证书。

4.3　临时出海人员应接受物探队现场安全教育。

4.6　气枪震源操作人员应经过气枪震源技术培训，考核合格后上岗。

GB/T 12801—2008《生产过程安全卫生要求总则》：

5.9.2　g）特种作业人员应按照国家有关规定经专门的安全作业培训，取得特种作业操作资格证书，方可上岗作业。

（2）震源船作业人员劳动防护用品穿戴和使用情况。

监督依据标准：GB/T 12801—2008《生产过程安全卫生要求总则》，Q/SY BGP·G0204—2015《滩海物探队健康、安全、环境管理规定》。

GB/T 12801—2008《生产过程安全卫生要求总则》：

6.7.2　噪声较大的设备应尽量将噪声源和操作人员隔开；工艺允许远距离控制的，可设置隔声操作（控制）室。

Q/SY BGP·G0204—2015《滩海物探队健康、安全、环境管理规定》：

4　出海人员管理

4.7　按规定穿戴劳动防护用品，涉水作业时应按要求穿戴工作救生衣。

（3）班前会召开情况。

（4）震源船作业现场施工应符合以下要求：

①每日生产前，气枪操作人员应对气枪控制器、高压管路和枪体等气枪部件进行检查，确认各部件完好后方可启动，并填写运行记录。

②气枪震源系统各部件运转过程中，非工作人员不应靠近。

③准备放炮时，方可将控制设备的放炮模式设置到激发状态。

④收放气枪或维修气枪前，应将控制设备调整到非生产状态，避免误激发。

⑤收放气枪操作时，应避免设备挂碰，伤及工作人员。

监督依据标准：Q/SY BGP·G0204—2015《滩海物探队健康、安全、环境管理规定》。

5.4 震源船

5.4.1 震源船建立单船文件，明确各岗位职责，制定机舱、甲板、气爆等设备的操作规程，编制日常、临界、特殊和应急操作方案，实施船舶管理。

5.4.2 气枪震源除执行 SY/T 6156 的相关安全管理要求外，还用执行以下要求：

a）压力容器、压力管系、压力表、安全阀应每年进行检验，检验合格后方可使用。

b）每日生产前，气枪操作人员应对气枪控制器、高压管路和枪体等气枪部件进行检查，确认各部件完好后方可启动，并填写运行记录。

c）气枪震源系统各部件运转过程中，非工作人员不应靠近。

d）准备放炮时，方可将控制设备的放炮模式设置到激发状态。

e）收放气枪或维修气枪前，应将控制设备调整到非生产状态，避免误激发。

f）收放气枪操作时，应避免设备挂碰，伤及工作人员。

（四）典型"三违"行为

（1）震源船气枪列阵生产时，其他船只进入列阵。

（2）员工上岗时劳保穿戴不全。

（3）蒲氏五级以上大风天气船员在船甲板或码头上活动。

（4）气枪维修时，作业人员身体未避开高压气体释放孔。

（5）吊装作业时吊臂下站人。

（6）震源船护航挂机艇操作人员服装无反光标志。

（7）油桶、油刷丢弃到海里。

（8）蒲氏五级以上大风天气施工作业。

（五）典型案例

恶劣天气私自外出带来的灾难。

1. 简要经过

2002年1月，某物探队在某海域施工，大风警报震源船回港避风，员工私自下船，在码头活动，被巨浪冲击，掉到海中失踪。

2. 主要原因

（1）恶劣天气私自外出。

（2）安全意识淡薄。

3. 事故教训

（1）恶劣天气停止施工，禁止外出。

（2）加强安全培训，提高员工安全意识。

4. 事件启示

海上施工对船员劳动纪律的要求更高，属地主管随时要掌握船员的思想情绪和动向。

（六）思考题

（1）震源船施工有哪些风险点源？如何实施监督？

（2）震源船生产时的警戒措施有哪些？如何监督？

七、滩海空气船

空气船为滩海物探施工专用设备，用于滩涂淤泥带、卤池、沼泽等地形施工运输。驾驶人员需经专门培训方可上岗。使用此类设备涉及碰撞、火灾、机械伤害、溺水等风险。

（一）监督内容

（1）岗位 HSE 培训和岗位技术培训情况，本岗位 HSE 技能掌握情况。

（2）安全职责和属地职责的履行情况。

（3）班前会执行情况。

（4）劳动防护用品的配备和使用情况。

（5）安全活动和安全检查的实施情况。

（6）属地内设备设施完整有效性。

（7）空气船周边环境掌握情况。

（8）应急演练、应急处置、应急物资配备。

（二）主要监督依据

GB/T 12801—2008《生产过程安全卫生要求总则》；

Q/SY BGP·G0204—2015《滩海物探队健康、安全、环境管理规定》；

BGP·DG/HSE/THZY5.515—57《滩海空气船操作手岗位作业指导书》。

（三）监督控制要点

（1）作业前检查空气船作业人员相关资质。

> 监督依据标准：Q/SY BGP·G0204—2015《滩海物探队健康、安全、环境管理规定》。
>
> 4 出海人员管理

4.1 船员身体健康,无传染性疾病,持适合本船级别的岗位适任证书。

4.2 出海作业人员体检后身体健康状况符合要求,并经过海洋石油作业安全救生培训,取得相关证书。

4.3 临时出海人员应接受物探队现场安全教育。

(2)空气船作业人员劳动防护用品穿戴和使用情况。

> 监督依据标准:GB/T 12801—2008《生产过程安全卫生要求总则》,Q/SY BGP·G0204—2015《滩海物探队健康、安全、环境管理规定》。
>
> GB/T 12801—2008《生产过程安全卫生要求总则》:
>
> 6.7.2 噪声较大的设备应尽量将噪声源和操作人员隔开;工艺允许远距离控制的,可设置隔声操作(控制)室。
>
> Q/SY BGP·G0204—2015《滩海物探队健康、安全、环境管理规定》:
>
> 5.3 空气船操作维护保养除按 Q/SY BGP·K2730 的要求执行外,还应执行以下要求:
>
> a)空气船应配备的物品、工具包括但不限于:工具箱或工具袋(手电、急救包、扳手等)、一个带救生绳的救生圈、一具1kg或以上的ABC类干粉灭火器、锚及锚绳、通信设备。
>
> b)船在航行前,应检查船上配备有锚、锚绳、灭火器、救生圈等安全工具,并要求齐全完好。

(3)班前会召开情况。

(4)空气船作业现场应符合以下要求:

① 空气船作业要时任何人不准靠近船尾部螺旋桨和护罩。

② 空气船作业执行旅程管理制度,不可单人执行工作任务。

③ 空气船行进中驾乘船人员禁止站立。

④ 空气船动火作业需要办理作业许可。

> 监督依据标准:Q/SY BGP·G0204—2015《滩海物探队健康、安全、环境管理规定》。
>
> 5 船舶安全管理要求
>
> 5.1 基本要求
>
> 5.1.6 船外机橡皮艇和空气船遇蒲氏五级以上大风、雷雨、大雾(能见度低于200m)等恶劣天气时,应停止使用,并采取有效避风措施。其他船舶,当风力超过证书规定的抗风等级时,不应出海作业,并采取有效避风措施。

> 5.1.7 船舶实施旅程管理，不应单人单艇独自作业。
>
> 5.1.14 乘坐船外机橡皮艇、空气船人员应坐稳扶牢，行驶时不允许站立和随意走动。
>
> 5.3 空气船操作维护保养除按 Q/SY BGP·K2730 的要求执行外，还应执行以下要求：
>
> c）空气船在发动时或发动机运转过程中，不准许任何人靠近船尾部螺旋桨和护罩。
>
> d）不允许空气船靠近其他任何船只。
>
> e）因施工需要，空气船靠近船外机橡皮艇时，应熄火后缓慢侧靠。

（四）典型"三违"行为

（1）作业现场空气船周围有人员活动。

（2）空气船停靠减速不当造成碰撞。

（3）行驶中人员站立。

（4）违规携带烟火。

（五）典型案例

空气船停靠操作不当带来的伤害。

1. 简要经过

1998年冬，某物探队在大港驴驹河海边进行滩涂施工，使用空气船运输施工作业人员；空气船高速行驶中准备停靠海边堤坝时，由于减速不当造成船体撞击到堤坝，船上人员由于惯性跌倒在船上，职工李某飞出船体撞在堤坝石头之上，造成颅盖骨塌陷。

2. 主要原因

（1）空气船操作人员未经培训野蛮操作。

（2）员工无滩涂作业经验，当空气船撞击堤坝时没有防范措施。

（3）缺少空气船安全操作规程，未对空气船使用实施有针对性的风险防控。

3. 事故教训

制定空气船安全操作规程，规范空气船使用，实施针对性风险防控。

4. 事件启示

任何"事故教训"都有它的偶然性和必然性，对于操作中的"危险动作"必须采取强硬手段予以处理。

(六)思考题

(1)如何监督物探队规范空气船驾驶人员培训、考核工作?

(2)空气船作业的风险点源有哪些?怎么控制?

八、挂机艇

挂机艇作为水域物探施工专用设备,用于水上通勤运输,是航速低于19kn的次高速艇,涉及溺水、机械伤害、迷航、火灾、碰撞、翻船等风险。

(一)监督内容

(1)岗位HSE培训和岗位技术培训情况,本岗位HSE技能掌握情况,操作人员持证情况。

(2)安全职责和属地职责的履行情况。

(3)班前会执行情况。

(4)劳动防护用品的配备和使用情况。

(5)安全活动和安全检查的实施情况。

(6)属地内设备设施完整有效性。

(7)挂机艇周边环境掌握情况。

(8)应急演练、应急处置、应急物资配备。

(二)主要监督依据

GB/T 12801—2008《生产过程安全卫生要求总则》;

Q/SY BGP·G0204—2015《滩海物探队健康、安全与环境管理规定》;

BGP·DG/HSE/THZY5.515—33《挂机手岗位作业指导书》。

(三)监督控制要点

(1)作业前检查挂机艇操作人员相关资质。

> 监督依据标准:Q/SY BGP·G0204—2015《滩海物探队健康、安全与环境管理规定》,GB/T 12801—2008《生产过程安全卫生要求总则》。
>
> Q/SY BGP·G0204—2015《滩海物探队健康、安全与环境管理规定》:
>
> 4 出海人员管理
>
> 4.1 船员身体健康,无传染性疾病,持适合本船级别的岗位适任证书。
>
> 4.2 出海作业人员体检后身体健康状况符合要求,并经过海洋石油作业安全救生培训,取得相关证书。

> 4.3 临时出海人员应接受物探队现场安全教育。
> 4.5 船外机橡皮艇和空气船操作手应经培训考试合格,持证上岗。
> GB/T 12801—2008《生产过程安全卫生要求总则》:
> 5.9.2 g)特种作业人员应按照国家有关规定经专门的安全作业培训,取得特种作业操作资格证书,方可上岗作业。

(2)挂机艇作业人员劳动防护用品穿戴和使用情况。

> 监督依据标准:BGP·DG/HSE/THZY5.515—33《挂机手岗位作业指导书》,Q/SY BGP·G0204—2015《滩海物探队健康、安全与环境管理规定》。
> BGP·DG/HSE/THZY5.515—33《挂机手岗位作业指导书》:
> 2.2.2 岗位工作指南
> 2.2.2.4 起步前安全检查
> 1)乘员穿好劳保、救生衣,防止溺水事故发生;
> 2)通信器材、GPS定位系统、灭火器、划桨等处于正常状态;
> 3)挂机钥匙正确索系;应急拉绳随机工具是否配齐。
> Q/SY BGP·G0204—2015《滩海物探队健康、安全与环境管理规定》:
> 5.2 船外机橡皮艇
> 船外机橡皮艇操作维护保养除按Q/SY BGP·K2752的要求执行外,还应执行以下要求:
> a)船外机橡皮艇应配备的物品、工具包括但不限于:备用油箱、机头销子、机头保险绳索、边缆、工具箱或工具袋(包括手电、急救包、火花塞、套筒、刀子等)、熄火钥匙、手持GPS、通信设备、一个带救生绳的救生圈、一具1kg或以上的ABC类干粉灭火器、锚和锚绳(长度至少是水深的2倍)。

(3)班前会召开情况。
(4)监督挂机艇操作应符合以下要求:
① 操作动作规范,对登船人员进行安全提示。
② 不应偏载和超载,乘坐挂机艇的人员应穿救生服。
③ 开艇前应检查各气室,并检查安全防护物品的配备。
④ 中速行驶,不做急转弯动作,遇水中其他物品或人,挂空挡滑行接近或关闭发送机。
⑤ 配备监视装置,保持正常运行状态。

⑥ 操作人员要注意观察周围环境确保乘船人员安全,应待橡皮艇停稳后操作手发出指令,方可有秩序上下船,不准跨越、跳跃上下艇。

⑦ 行驶中挂机钥匙始终要与操作手的身体链接,以确保遇突发情况急时关闭发动机。

> 监督依据标准:Q/SY BGP·G0204—2015《滩海物探队健康、安全与环境管理规定》,BGP·DG/HSE/THZY5.515—33《挂机手岗位作业指导书》。
>
> Q/SY BGP·G0204—2015《滩海物探队健康、安全与环境管理规定》:
>
> 5.2 船外机橡皮艇
>
> 船外机橡皮艇操作维护保养除按 Q/SY BGP·K2752 的要求执行外,还应执行以下要求:
>
> a)船外机橡皮艇应配备的物品、工具包括但不限于:备用油箱、机头销子、机头保险绳索、边缆、工具箱或工具袋(包括手电、急救包、火花塞、套筒、刀子等)、熄火钥匙、手持 GPS、通信设备、一个带救生绳的救生圈、一具 1kg 或以上的 ABC 类干粉灭火器、锚和锚绳(长度至少是水深的2倍)。
>
> b)航行中应平稳行驶,不应急速转弯或急加速。风浪较大时,应低速行驶,不应正侧风行驶。突遇风暴潮时应原地抛锚,人员在挂机帮内坐稳扶牢,保护好对讲机和 GPS,不应冒险行船。
>
> c)发动机在运行中不应加注燃油。
>
> d)乘船外机橡皮艇救助施工人员时,应从下风逆流方向靠近水中人员,并关闭发动机或空挡运行。
>
> e)船外机橡皮艇搁浅后,任何人员不允许离开橡皮艇,去寻找航道。
>
> f)船外机橡皮艇上配备跟踪监视装置,母船能监控其行踪。
>
> g)停靠时,应观察周围环境,当发现周围环境对橡皮艇及艇上乘坐人员的安全造成威胁或伤害时,应及时调整停靠位置。
>
> h)从码头、岸边上艇或从一条艇登另一条艇时,应待船外机橡皮艇停稳,操作手发出指令后,有秩序地上下船,不准跨越、跳跃上下艇。
>
> BGP·DG/HSE/THZY5.515—33《挂机手岗位作业指导书》:
>
> 2.2.3 岗位操作程序
>
> 2.2.3.2 挂机启动
>
> 3)插入挂机钥匙将其另一端系在衣服、手臂或腿的安全部位。

(四)典型"三违"行为

(1)未持有"挂机证"人员操作。

(2)未正确穿戴救生衣作业。

(3)挂机艇上吸烟。

(4)挂机艇铁锚尖未做防护处理。

(5)没有按规定超载物品或人员。

(6)大风天气不采取避风措施,侧风、侧浪行驶。

(7)高速行驶做急速转弯动作。

(8)出勤挂机艇不执行"旅程管理"汇报制度。

(五)典型案例

挂机艇高速行驶急转弯造成的后果。

1. 简要经过

2002年5月,某物探队在渤海辽东湾海域施工时,通勤挂机艇接送相关人员到海上北调母船进行开工验收;在离开河口一个小时后,挂机艇前方海面出现漂浮物,挂机手做急拐弯动作躲避漂浮物,造成挂机艇一侧人员落水。

2. 主要原因

(1)操作人员违章高速做急拐弯动作。

(2)未对乘船人员进行安全提示及相关要求。

(3)乘船人员缺乏海上乘船经验,未做好自身防护。

3. 事故教训

(1)严格按照船只驾驶规程进行操作。

(2)属地主管应进行必要的安全提示。

(3)乘船人员严格按要求乘船。

4. 事件启示

属地主管对进入属地的其他人员安全负责,规范驾驶要常抓不懈。

(六)思考题

(1)如何监督物探队规范挂机艇驾驶人员培训、考核工作?

(2)挂机艇作业的风险点源有哪些?怎么控制?

第三节　非地震作业工序安全监督

非地震勘探是指除了地震勘探外其他的勘探方法,主要包括陆上可控源电磁法、大地电磁测深法和重力、磁法勘探等方法。本节主要对此三种作业方法的监督内容、主要监督依据、监督控制要点、典型"三违"行为进行描述。

一、陆上可控源电磁法勘探安全监督

陆上可控源电磁法是用大功率发电机配合变频发射机向大地输送高压、大电流的信号,采集地质信息的一种勘探方法。主要工序包括测量、收放线、发射作业等。主要涉及人员、牲畜触电,交通伤害,坠落,淹溺等风险。陆上可控源电磁法勘探中测量、收放线等作业与地震队要求相同,不做赘述。本部分主要介绍发射作业工序的安全监督。

(一)监督内容

(1)岗位 HSE 培训和岗位技术培训情况,本岗位 HSE 技能掌握情况,持证上岗情况。

(2)安全职责和属地职责的履行情况。

(3)班前会执行情况。

(4)劳动防护用品的配备和使用情况。

(5)交通安全管理的执行情况。

(6)安全活动和安全检查的实施情况。

(7)属地内设备设施完整有效性。

(8)发射供电线路的布设及巡查。

(9)应急演练、应急处置、应急物资配备。

(二)主要监督依据

GB/T 13869—2008《用电安全导则》;

AQ 2012—2007《石油天然气安全规程》;

Q/SY 1124.1—2012《石油企业现场安全检查规范　第 1 部分:物探地震作业》。

(三)监督控制要点

(1)作业前检查发射作业人员相关资质及岗位安全职责履行情况。

> 监督依据标准:GB/T 13869—2008《用电安全导则》,Q/SY 1124.1—2012《石油企业现场安全检查规范　第 1 部分:物探地震作业》。

GB/T 13869—2008《用电安全导则》：

10.4 从事电气作业中的特种作业人员应经专门的安全作业培训，在取得相应特种作业操作资格证后，方可上岗。

10.5 电气作业人员应无妨碍其正常工作的生理缺陷及疾病，并应具备与其作业活动相适应的用电安全、电击救援专业技术知识及实践经验。

Q/SY 1124.1—2012《石油企业现场安全检查规范 第1部分：物探地震作业》：

4.1.2.47 电工

电工岗位安全职责履行情况检查应包括：

——落实属地管理职责，对外来人员进行安全提示和监护。
——持有有效证件上岗。
——穿戴绝缘劳动防护用品上岗。
——使用的检测工具应符合标准要求。
——熟练掌握上锁挂牌和作业许可流程并遵照执行。
——按规程操作配电设备并进行维护保养。
——对配电设备及其线路进行检查，发现问题及时处置。
——规范架线、布线。

电工现场安全检查内容应包括属地内设备设施、工器具与场所，用电设备、用电线路。

（2）发电机、发射机等设备作业前的检查情况。

监督依据标准：AQ 2012—2007《石油天然气安全规程》。

发电安全，应符合下列要求：

——发电机组应设置防雨、防晒棚，交流电机和励磁机组应加罩或有外壳；
——有防尘、散热、保温措施，有防火、防触电等安全标志；
——接线盒要密封，绝缘良好，不应超负荷运行；
——发电机组应装接地线，且接地电阻小于 4Ω；
——机组滑架下应安装废油、废水收集装置，机组与支架固定部位应防振、固牢；
——排气管有消音装置；

根据人工场源法发射作业主要风险，检查内容应包含但不限于：

1）发电机、发射机应挂有醒目的"高压危险"警示牌，周围5m内不应动火、吸烟和存放易燃物品；

2）发电机、发射机及装载车辆应进行良好的接地，接地电阻应满足相关要求；

> 3）发射组与各接收组间应确保通讯畅通；
> 4）发射供电前，应检查供电线路的连接，连通后再发射供电；
> 5）进入草原、森林、油区等高火险区域作业时，发电机排气口应安装防火罩；
> 6）雷雨天气应停止发、供电作业，采取防雨、防潮措施。

（3）发射作业人员劳动防护用品穿戴和使用情况。

> 监督依据标准：GB/T 13869—2008《用电安全导则》。
> 10.3 电气作业人员在进行电气作业前应熟悉作业环境，并根据作业的类型和性质采取相应的防护措施；进行电气作业时，所使用的电工个体防护用品应保证合格并与作业活动相适应。

（4）班前会召开情况。

（5）发射作业现场施工应符合以下要求：

——应配备不少于两具的 4kg 干粉灭火器；
——操作人员配备绝缘工服、鞋、手套、绝缘杆；
——巡线人员配备通话器、绝缘工服、鞋、手套、绝缘杆、胶布、工具等；
——发射电极坑，发电车，路过村庄、公路的供电线路应树立触电警示标志；
——巡线、警戒人员到位，有效；
——供电线完好无破损，接头绝缘良好；
——临时用电连线、接线板的使用符合要求。

> 根据发射作业主要风险，检查内容应包含但不限于：
> 1）作业场所应按规定设置 HSE 警示标志、标识，进行危险提示、警示。
> 2）发电机、发射机应挂有醒目的"高压危险"警示牌。

（6）发射源供电线路的布设及巡查情况。

> 根据人工场源法发射布极作业主要风险，检查内容应包含但不限于：
> 1）供电电缆绝缘胶皮应完好，电缆接头应连接紧固，无虚接、漏电，并应采取防水、防漏电措施；
> 2）供电电缆架设应符合安全用电要求，沿途应设置警示标志；
> 3）供电电缆在穿过水网区域或雨雪后地表有积水时作业。供电电缆应架起悬空；
> 4）供电电缆应每日进行检查，应每周检修一次；

> 5）供电线路穿越村庄或人畜活动频繁地区应有专人巡线、看守，线路中每间隔50m～100m应设"高压危险"警告标志；
>
> 6）供电电极应设置围栏或防护网进行隔离，设置醒目的警示标志，并应有专人看护；
>
> 7）供电发射作业时，不应移动电极和触摸供电线路，特殊情况应及时通知供电操作人员，确认停止供电后，方可移动；
>
> 8）供电线路穿过道路时，应采取防碾压措施，施工完毕后及时清理、恢复。

（四）典型"三违"行为

（1）电工未持有效证件上岗。

（2）发射作业人员未按要求穿戴劳动防护用品。

（3）与巡线作业人员通讯不畅的情况下进行供电作业。

（4）巡线作业人员数量不满足作业要求。

（5）发电工、巡线人员作业时睡岗、脱岗、串岗。

（6）雷雨天气施工作业。

（7）禁火区域施工动用明火。

（五）典型案例

少问一句话差点被电死。

1. 简要经过

1986年5月，一名布极工在查完线路是否漏电后，没有和发电机操作员沟通，直接断掉后面的电线去连接电极，不料线路已经供电，他在用手连接电线时被电击，被上千伏的直流电打得就地翻滚，无法摆脱，最后被旁边的员工将电线断开，造成胸部电灼伤、右拇指上节截肢。

2. 主要原因

（1）布极工接线时没有确认电线是否有电情况下连接电极，发电机操作员在未确认安全的情况下发电，两人违反操作规程。

（2）两名员工安全意识淡薄，培训不到位。

3. 事故教训

（1）加强员工安全意识教育。

（2）严格遵守操作规程作业。

4. 事件启示

涉电作业不能麻痹大意,确保安全的情况下方可进行供、发电作业。

(六)思考题

(1)陆上可控源电磁法勘探发射作业的风险点源有哪些?如何监督?

(2)从发射机到 A、B 电极坑,如果输电线路破损,越靠近哪一端越危险(电压越高)?

二、大地电磁测深法勘探安全监督

大地电磁测深法是以天然电磁场为场源来研究地球内部电性结构的一种地球物理勘探方法。主要涉及交通伤害、坠落、淹溺等风险。大地电磁测深法勘探中测量、收放线与地震队要求相同,不做赘述。下面主要介绍大地电磁测深法勘探数据采集作业工序的安全监督。

(一)监督内容

(1)岗位 HSE 培训和岗位技术培训情况,本岗位 HSE 技能掌握情况。

(2)安全职责和属地职责的履行情况。

(3)班前会执行情况。

(4)劳动防护用品的配备和使用情况。

(5)交通安全管理的执行情况。

(6)安全活动和安全检查的实施情况。

(7)属地内设备设施完整有效性。

(8)应急演练、应急处置、应急物资配备。

(二)主要监督依据

Q/SY BGP·G0211—2016《员工个人劳动防护用品管理及配备规定》。

(三)监督控制要点

(1)作业人员劳动防护用品穿戴和使用情况。

监督依据标准:Q/SY BGP·G0211—2016《员工个人劳动防护用品管理及配备规定》。

6.1 护品供应商准入按公司有关规定执行。

6.2 护品制造商应具备但不限于以下条件:

a)工商行政管理部门核发的营业执照;

b)有满足生产需要的生产场所和技术人员;

c）有保证产品安全防护性能的生产设备；

d）有满足产品安全防护性能要求的检验与测试手段；

e）产品符合标准和相关技术文件；

f）特种护品生产企业取得的"全国工业产品生产许可证""特种劳动防护用品安全标志证书"，以及由有资质的机构出具的护品检验合格报告；

g）法律、法规规定的其他要求。

（3）班前会召开情况。

（4）数据采集作业现场施工应符合以下要求：

① 按照测量设计点位的实际放样位置，根据点位附近地形特点，在确保安全的前提下进行布极、放线。

② 作业现场周围 5m 内不应有其他无关人员。

③ 作业人员不应在车上收、放线。

④ 工具、电极线和数传线应收放整齐，规范装载，禁止人货混载。

（四）典型"三违"行为

（1）危险地段作业。

（2）车上收、放线。

（3）人货混载。

（4）禁火区域施工动用明火。

（五）典型案例

不看地形沙丘翻车，人货混装险酿大祸。

1. 简要经过

1996 年 5 月的一个上午，仪器组司机驾驶奔驰 1550 卡车在塔克拉玛干沙漠北缘施工，在翻越一个沙丘时发生溜车，右后轮压在一个灌木包上，造成车辆向左侧翻 90°，驾驶室内放置的暖瓶、啤酒爆裂，后排电瓶滑向左侧门，所幸乘员均无大碍。

2. 主要原因

（1）危险路段司机未下车察看地形，冒险行车。

（2）乘车人员没有提醒和制止司机冒险。

（3）培训不到位，没有制定沙漠行车规定。

（4）溜车时司机没有采取正确的倒车措施。

3. 事故教训

（1）司机沙漠行车技能培训不到位，紧急情况处置能力不强。

（2）客货混装，易引发次生伤害事故。

4. 事件启示

遇到危险路段司机必须下车查看地形，坚决杜绝人货混装。

（六）思考题

大地电磁测深法勘探的风险点源有哪些？如何监督？

三、重力、磁法勘探安全监督

重力、磁法勘探是根据观测地球重力、磁场的变化、研究地球构造的一种勘探方法。主要涉及人员迷失、交通伤害、坠落、淹溺等风险。重力、磁法勘探中的测量和推路作业与地震队要求相同，不做赘述。重点介绍重力、磁法勘探数据采集作业工序的安全监督。

（一）监督内容

（1）岗位HSE培训和岗位技术培训情况，本岗位HSE技能掌握情况。

（2）安全职责和属地职责的履行情况。

（3）班前会执行情况。

（4）劳动防护用品的配备和使用情况。

（5）交通安全管理的执行情况。

（6）安全活动和安全检查的实施情况。

（7）属地内设备设施完整有效性。

（8）应急演练、应急处置、应急物资配备。

（二）主要监督依据

Q/SY BGP·G0211—2016《员工个人劳动防护用品管理及配备规定》。

（三）监督控制要点

（1）作业人员劳动防护用品穿戴和使用情况。

> 监督依据标准：Q/SY BGP·G0211—2016《员工个人劳动防护用品管理及配备规定》。
> 6.1　护品供应商准入按公司有关规定执行。
> 6.2　护品制造商应具备但不限于以下条件：

> a）工商行政管理部门核发的营业执照；
>
> b）有满足生产需要的生产场所和技术人员；
>
> c）有保证产品安全防护性能的生产设备；
>
> d）有满足产品安全防护性能要求的检验与测试手段；
>
> e）产品符合标准和相关技术文件；
>
> f）特种护品生产企业取得的"全国工业产品生产许可证""特种劳动防护用品安全标志证书"，以及由有资质的机构出具的护品检验合格报告；
>
> g）法律、法规规定的其他要求。

（2）班前会召开情况。

（3）数据采集作业现场施工应符合以下要求。

① 公路附近作业时应做好看护、警戒。

② 重力仪和磁力仪在使用、移动和运输过程中应严格执行仪器保护的相关规定。

③ 雷雨天气禁止磁力数据采集作业。

④ 冰面施工做好防护措施。

⑤ 禁火区域施工严禁使用明火。

（四）典型"三违"行为

（1）仪器运输时未采取有效保护措施。

（2）未按照仪器说明操作仪器，造成仪器损坏和财产损失。

（3）未进行培训上岗。

（4）施工作业时，班组应急设备、设施不齐全。

（5）公路附近作业时无看护、警戒。

（6）雷雨天气进行磁力数据采集作业。

（7）禁火区域施工动用明火。

（五）典型案例

山林施工险遭猎杀。

1. 简要经过

2012年4月某测量组在长白山施工，这里的猎人有下线枪习惯，专门猎杀野兽。小组在山地作业时，前面的人员发现了一条可疑的细线，跨过但未提醒后续人员，紧接着一声枪响，一名测量人员应声倒地。经了解其人受惊吓后被树枝绊倒，没有受到伤害。

2. 主要原因

（1）工区重大隐患调查不详细，不到位。

（2）员工安全意识差，对存在的风险视而不见。

（3）培训不到位，员工之间协作不默契。

3. 事故教训

重力作业操作员经常徒步穿越复杂地区，员工要随时随地观察身边的隐患，一个小的疏忽可能会引发大的事故。

4. 事件启示

开工前全面识别工区隐患，遇到险情要互相提醒，员工之间多进行经验分享。

（六）思考题

重力、磁法勘探的风险点源有哪些？如何监督？

第四节　生产辅助环节安全监督

生产辅助环节是指物探队为野外物探作业提供生活支持、医疗救护、设备维修、物资供应、废弃物处理等后勤保障的辅助工作，主要涉及民爆物品库、临时加油点、小油品库、充发电房、设备维修区、食堂、医务室等场所，存在着民爆物品丢失、被盗、爆炸、火灾、触电、中毒、机械伤害、交通伤害、环境污染等风险。下面对相关辅助环节从监督内容、主要监督依据、监督控制要点、典型"三违"行为等进行详细描述。

一、民爆物品库和民爆物品销毁管理的安全监督

民爆物品管理包括民爆物品采购、运输、储存、使用、清线和销毁等环节的管理，民爆物品的运输、使用、清线已在其他章节中讲述，本节重点讲述民爆物品采购、储存环节的管理即民爆物品库管理和民爆物品销毁管理的安全监督。物探队民爆物品库分为自建临时库和租用地方民爆库两种，存在民爆物品丢失、被盗、爆炸等风险。

（一）监督内容

（1）岗位 HSE 培训和岗位技术培训情况，本岗位 HSE 技能掌握情况，相关人员持证情况。

（2）民爆物品采购是否符合要求。

（3）检查民爆物品库基础资料是否齐全。

（4）租用民爆物品库房的资质和备案情况：

——经当地公安机关许可；

——物探队对出租方的资质、合法性进行审核；

——物探队与出租方签订合同和安全协议；

——物探队将相关资料报上一级主管部门备案。

（5）临时库的资质和备案情况：

——经公安机关验收合格；

——民爆物品储存库容量的批复；

——物探队将相关资料报上级主管部门备案。

（6）临时库符合性情况：

——库房管理制度建立；

——人防、物防、技防、犬防的落实；

——民爆物品库布局符合要求。

（7）安全职责和属地职责的履行情况：

——值班情况和视频监控情况；

——入库前验收和复核抽查情况；

——民爆物品摆放情况；

——"双人双锁"执行情况；

——防火防爆措施执行情况；

——装卸和搬运情况；

——联系点到位情况。

（7）班前会执行情况。

（8）劳动防护用品的配备和使用情况。

（10）安全活动和安全检查的实施情况。

（11）属地内设备设施完整有效性。

（12）应急演练、应急处置、应急物资配备。

（二）主要监督依据

GB 6722—2014《爆破安全规程》；

Q/SY 1124.1—2011《石油企业现场安全检查规范 第1部分：物探地震作业》；

Q/SY 08313—2016《物探作业民爆物品安全管理规范》。

(三)监督控制要点

(1)民爆物品采购符合以下要求:

——民爆物品生产厂家或销售企业资质符合要求;

——采购的雷管、震源药柱质量是否符合要求;

——民爆物品入库验收是否符合要求。

> 监督依据标准:Q/SY 08313—2016《物探作业民爆物品安全管理规范》。
>
> 5.1 采购
>
> 5.1.1 购买民爆物品单位的供应部门应到所在地县级人民政府公安机关办理《民用爆炸物品购买许可证》。民爆物品使用单位的供应部门应与持有《民用爆炸物品生产许可证》或《民用爆炸物品销售许可证》,并经使用单位认定的民爆物品生产厂家或经销企业签订民爆物品买卖合同,统一采购,并对产品质量负责。
>
> 5.1.2 民爆物品使用单位的供应部门应采购逐发逐柱编码的雷管、震源药柱,应建立采购台账。
>
> 5.1.3 民爆物品使用单位主管部门应对民爆物品采购过程和产品质量实施监督。
>
> 5.2 验收
>
> 5.2.1 民爆物品送达入库前应进行验收。物探队应指定库房负责人和保管员共同验收。应先核对证件,内容包括但不限于:押运证、运输证、编码清单、发货通知单等;验收应按照 GB 2828.1 执行,内容包括但不限于:名称、规格、型号、数量、编码、交接清单与实物的符合情况。
>
> 5.2.2 检验产品质量按不低于 1% 抽检,内容包括但不限于:编码的正确性、附着力和清晰度,产品是否受压变形,药柱的封口、填充及密实度,雷管脚线短路情况等,抽检开箱要保存质量报告单。
>
> 5.2.3 核对无误后,送货方押运员、接收方保管员在交接清单上签字,物探队留存一份。

(2)检查民爆物品库基础管理:

① 公安机关对租用库、临时库的批准资料;涉爆人员资质证件联网验证、备案情况;涉爆人员培训档案。

> 监督依据标准:Q/SY 08313—2016《物探作业民爆物品安全管理规范》,Q/SY 1124.1—2012《石油企业现场安全检查规范 第 1 部分:物探地震作业》。
>
> Q/SY 08313—2016《物探作业民爆物品安全管理规范》:

4.3 物探队应组织涉爆人员进行民爆物品安全知识、专业技能的内部培训,合格后上岗,其中爆破工程技术人员、安全员、保管员、爆破作业人员应取得公安机关核发的《爆破作业人员许可证》;押运员、驾驶员应取得地方交通主管部门核发的《危险货物运输从业资格证》;炸药搬运(装卸)工应经内部培训合格。

单位应定期组织涉爆人员证件的复审,不再从事或不符合爆破作业条件的人员应及时收回涉爆证件,交回原发证机关。

涉爆人员的岗位或工作单位调换应报上级安全部门备案登记。凡在涉爆岗位有重大违章或发生涉爆事故(事件)的人员,除按有关规定处罚外,3年内不得从事涉爆及其他关键岗位工作。

7.2 租用库

7.2.1 租用民爆库房应经当地公安机关许可。

7.2.2 物探队应对出租方的资质、合法性进行审核,应与出租方签订合同和安全协议,明确双方的责任和义务,应将相关证件复印件报上一级主管部门备案。

7.3 临时库

7.3.1 自建的临时库,应报所在地县(市)公安机关审核批准,按照国家、所在地公安机关的规定设置技术防范设施。民爆物品临时库经公安机关验收合格,按核准的库容储存民爆物品。

Q/SY 1124.1—2012《石油企业现场安全检查规范 第1部分 物探地震作业》:

表A.5 危险化学品储运检查表:

——自建临时库,库区边缘至各种保护对象的距离不应小于500m。由地方公安部门指定的库区要有储存许可手续,并符合相关规定。

② 检查民爆物品入库验收、抽检记录。

监督依据标准:Q/SY 08313—2016《物探作业民爆物品安全管理规范》。

5.2.1 民爆物品送达入库前应进行验收。物探队应指定库房负责人和保管员共同验收。应先核对证件,内容包括但不限于:押运证、运输证、编码清单、发货通知单等;验收应按照 GB/T 2828.1 执行,内容包括但不限于:名称、规格、型号、数量、编码、交接清单与实物的符合情况。

5.2.2 检验产品质量按不低于1%抽检,内容包括但不限于:编码的正确性、附着力和清晰度,产品是否受压变形,药柱的封口、填充及密实度,雷管脚线短路情况等,抽检开箱要保存质量报告单。

5.2.3 核对无误后,送货方押运员、接收方保管员在交接清单上签字,物探队留存一份。

③检查民爆物品进出库班报。

> 监督依据标准：Q/SY 08313—2016《物探作业民爆物品安全管理规范》，Q/SY 1124.1—2012《石油企业现场安全检查规范 第1部分 物探地震作业》。
>
> Q/SY 08313—2016《物探作业民爆物品安全管理规范》：
>
> 7.4.3 保管员负责出入库及账目管理，确保账物相符。
>
> 7.4.6 建立民爆物品出入库检查验收登记制度，填写《炸药出入库班报》（见附录C）、《雷管出入库班报》（见附录D），做到账目清楚、账物相符。
>
> Q/SY 1124.1—2012《石油企业现场安全检查规范 第1部分 物探地震作业》：
>
> 表A.5 危险化学品储运检查表。
>
> ——报废的民爆物品应单独立账，与完好民爆物品分开存放。
>
> ——民爆物品发放和回收时应清点数量，核对编码，指定专人进行记录，记录要及时、清晰、准确，收、发双方签字确认。

④值班、检查、登记、验收制度建立和落实情况。

> 监督依据标准：Q/SY 08313—2016《物探作业民爆物品安全管理规范》：
>
> 7.4.1 库区应建立值班、检查、登记、验收和防火制度，在醒目位置张贴，应定期应急演练。

⑤岗位安全责任制落实情况。

> 监督依据标准：Q/SY 08313—2016《物探作业民爆物品安全管理规范》：
>
> 4.4 涉爆单位应制定民爆物品管理制度和操作规程，建立岗位安全责任制，教育从业人员严格遵守。涉爆单位应执行岗位工序监督检查制度，对违章作业和重大隐患问题执行报告、处理制度。
>
> 7.4.2 民用爆炸物品储存库治安防范按照GA837执行。警卫人员应持证上岗，不得少于4人，配备必要的防身器具，不应酒后上岗、乱岗、串岗。

⑥检查联系点到位情况。

（3）检查民爆物品库建设及基础设施配置：

①民爆物品临时库库区选址。

监督依据标准：Q/SY 08313—2016《物探作业民爆物品安全管理规范》：

7.3.2 设置民爆物品临时库，库区外保护对象的外部安全距离，应按临时库设计的最大容量确定；允许距离起算点是仓库的外墙根边缘；确定外部安全距离时，可不考虑炸药性质和仓库有无土堤。

7.3.3 确定外部安全距离时，每个仓库至小型工矿企业围墙或100~200住户村庄边缘的距离，应大于表3的规定；每个仓库至其他保护对象的允许距离，应先按表4确定各该保护对象的防护等级系数，并以规定的系数乘以表3规定的距离来确定。

表3 民爆物品库至村庄(100户~200户)边缘的安全允许距离

存药量,t	≤200 >150	≤150 >100	≤100 >50	≤50 >30	≤30 >20	≤20 >10	≤10 >5	≤5
安全允许距离,m	1000	900	800	700	600	500	400	300

表中距离适用于平坦地形，遇到下列几种特定地形时，数值可适当增减：
——当危险建筑物紧靠20~30m高的山脚下布置，山的坡度为10°~25°，民爆物品库与山背后建筑物之间的距离，与平坦地形相比，可适当减小10%~30%。
——当危险建筑物紧靠30~80m高的山脚下布置，山的坡度为25°~35°，民爆物品库与山背后建筑物之间的距离，与平坦地形相比，可适当减小30%~50%。
——在一个山沟中，一侧山高为30~60m，坡度10°~25°，另侧山高30~80m，坡度25°~30°，沟宽100m左右，沟内两山坡脚下民爆物品库直对布置的建筑物之间的距离，与平坦地形相比，应增加10%~50%；
——在一个山沟中，一侧山高为30~60m，坡度10°~25°，另侧山高30~80m，坡度25°~35°，沟宽40~100m，沟的纵坡4%~10%，民爆物品库沿沟纵深和沟的出口方向建筑物之间的距离，与平坦地形相比，应增加10%~40%。

表4 各种保护对象的防护等级系数

被保护对象		防护等级系数
小于10户的零散住户		0.5
10户~50户的零散住户		0.6
50户~100户的村庄		0.8
100户~200户的村庄，小型工矿企业的围墙		1.0
乡、镇的规划边缘		1.2
县的规划边缘，大、中型工矿企业的围墙		2.0
大于10万人的城市规划边缘		3.0
铁路	Ⅰ级铁路线	0.8
	Ⅱ级铁路线	0.6
	Ⅲ级铁路线	0.5

续表

被保护对象		防护等级系数
公路	高速公路	0.8
	Ⅰ级公路	0.6
	Ⅱ、Ⅲ级公路	0.5
	Ⅳ级公路	0.4
通航船舶的河流航道		0.5
高压输电线路	35kV 输电线路	0.4
	110kV 输电线路	0.5
	220kV 输电线路	1.8
	330kV 输电线路	1.9
	500kV 输电线路	2.0
油库		0.6

② 库区内部布置。

监督依据标准：Q/SY 08313—2016《物探作业民爆物品安全管理规范》：

7.3.4 民爆物品临时库布置要求

7.3.4.1 雷管库应布置在离值班室、道路较远的一侧。雷管库与炸药库间安全距离按式（1）确定：

$$R_1 = K_1\sqrt{n} \tag{1}$$

式中：R_1——最小安全距离，m；

K_1——殉爆安全系数，雷管库与炸药库之间殉爆安全系数 K_1 值按表5选取；

n——库存雷管数，发。

表5 雷管库与炸药库之间殉爆安全系数 K_1 值

库房种类	殉爆安全系数 K_1		
	双方均无土围墙	单方有土围墙	双方均有土围墙
雷管库与炸药库	0.06	0.04	0.03
雷管库与雷管库	0.10	0.067	0.05

7.3.4.2 雷管库与广播电台、电视台、移动站、固定站、无线电通信等发射天线的距离，应根据发射功率、频率确定，并取最大值。雷管库与中长波电台（AM）的安全允许距

离应符合表6的规定。雷管库与移动式调频(FM)发射机的安全允许距离应符合表7的规定。雷管库与甚高频(VHF)、超高频(UHF)电视发射机的安全允许距离应符合表8的规定。

7.3.4.3 炸药库房之间的距离应大于2m。

7.3.4.4 库区应设置金属围栏,围栏高度不应低于2m,围栏外侧应设20m的禁行区,并设置"防火、防爆、禁行"等警告标志牌,围栏外应有防火措施。

表6 雷管库与中长波电台(AM)的安全允许距离

发射功率,W	5~25	25~50	50~100	100~250	250~500	500~1000
安全距离,m	30	45	67	100	136	198
发射功率,W	1000~2500	2500~5000	5000~10000	10000~25000	25000~50000	50000~100000
安全距离,m	305	455	670	1060	1520	2130

表7 雷管库与移动式调频(FM)反射机的安全允许距离

发射功率,W	1~10	10~30	30~60	60~250	250~600
安全允许距离,m	1.5	3.0	4.5	9.0	13.0

表8 雷管库与甚高频(VHF)、超高频(UHF)电视发射机的安全允许距离

发射功率,W	1~10	$10~10^2$	$10^2~10^3$	$10^3~10^4$	$10^4~10^5$	$10^5~10^6$	$10^6~5 \times 10^6$
VHF安全允许距离,m	1.5	6.0	18.0	60.0	182.0	609.0	—
UHF安全允许距离,m	0.8	2.4	7.6	24.4	76.2	244.0	609.0

注:调频发射机(FM)的安全允许距离与VHF相同。

7.3.4.5 库房距库区围栏的距离不应小于5m。库房门不应朝向值班室、道路、营地和建筑物。

7.3.4.6 值班室应布置在围栏外侧,值班室距离库房不应小于50m。

③ 库房要求。

监督依据标准:Q/SY 08313—2016《物探作业民爆物品安全管理规范》:

7.3.5 库房要求

a)库房应采用具有相应资质厂家生产的专门用于储存民爆物品的钢结构集装箱,

箱内高度不应小于2m。起吊点不少于4个。集装箱铭牌应标明箱体尺寸、重量、生产厂家、出厂日期等内容。

b)集装箱应完好,无破损,墙体内应填充隔热填充物,内墙应用铝板覆盖,固定销钉不应凸出内墙面。箱内应设温度计,夏季应在集装箱顶部采取遮阳措施。

c)集装箱两侧应设通风口,通风口应安装金属防护网。箱门应向外开启,装有密封条。集装箱应设置防静电接地端子。集装箱底面距地面不小于0.2m。

④ 静电防护要求。

监督依据标准:Q/SY 08313—2016《物探作业民爆物品安全管理规范》。

4.5 涉爆人员应执行定岗、定责和爆炸作业各种安全距离的规定,持证、穿戴防静电护品上岗。

6.3.4 装卸和搬运时,要先释放人体静电,应轻拿轻放,防止振动、撞击、摩擦、抛甩,不准使用易产生火花的工具搬运。

7.3.5 库房要求
集装箱应设置防静电接地端子。

7.3.6 临时库集装箱体应接地,接地电阻不大于100Ω。存放雷管的箱体地面为木结构时,应敷设导电橡胶板或铅板。雷管库房外应设置静电释放器,静电释放器应接地,接地电阻不大于100Ω。静电释放接地装置不应与独立避雷针共用接地体。

8.1.1.6 未穿戴防静电护品人员不应接触民爆物品。

⑤ 防雷设施要求。

监督依据标准:Q/SY 08313—2016《物探作业民爆物品安全管理规范》。

7.3.7 库区应设置独立避雷针,有独立的接地装置,接地电阻不大于10Ω。

a)避雷针接闪器,宜采用圆钢或焊接钢管制成,其直径不应小于下列数值:

针长1m以下:圆钢为ϕ12mm,钢管为ϕ20mm;

针长1m~2m:圆钢为ϕ16mm,钢管为ϕ25mm。

b)引下线,宜采用圆钢或扁钢,优先采用圆钢。圆钢不应小于ϕ8mm;扁钢截面不应小于48mm2,厚度不应小于4mm。

c)接地装置埋于土壤中的人工垂直接地体,宜采用角钢、钢管或圆钢;人工水平接地体宜采用圆钢或扁钢。圆钢不应小于ϕ10mm,扁钢截面不应小于100mm^2,厚度不应小于4mm;角钢厚度不应小于4mm;钢管壁厚不应小于3.5mm。

d）避雷针保护范围的计算采用滚球法,滚球半径取值为30m。

e）避雷针接地体与被保护物间的距离按式（2）或式（3）计算,但不应小于3m；

$$h_x < 5R_i 时, S_a \geq 0.4(R_i + 0.1h_x) \tag{2}$$

$$h_x \geq 5R_i 时, S_a \geq 0.1(R_i + h_x) \tag{3}$$

式中：h_x——被保护物或计算点的高度,m；

R_i——独立避雷针接地体的冲击接地电阻（取值10Ω）,Ω；

S_a——避雷针接地体与被保护物间的距离,m。

⑥ 消防设施要求。

监督依据标准：Q/SY 08313—2016《物探作业民爆物品安全管理规范》。

7.4.4 库区内应无杂草,无易燃物及其他杂物堆放。库区内应配备ABC类灭火器。灭火器的规格、数量和设置位置按GB50140的规定执行。库区应配置满足需要的消防钩、消防水桶、消防锹、消防沙等消防器材,专人保管,定期检查。

7.4.8 库区内无杂草,铁丝网外周围2m无杂草,无易燃易爆物品堆放,保持清洁,应设置安全防火标志牌。

⑦ 照明设施要求。

监督依据标准：Q/SY 08313—2016《物探作业民爆物品安全管理规范》。

7.3.8 库房内不应安装电气线路和照明装置。库区夜间照明亮度应满足监控的需要。库区照明电缆应埋地敷设,电缆及照明灯杆与库房间距离不应小于10m。库区照明灯具应具有防雨措施。值班室照明按一般电气场所设计。

7.4.7 库房内应使用防爆手电筒照明,不应安装电气设备和电气照明装置,不应吸烟和动火。不应在库房内住宿和进行与工作无关的活动,不应将火种、易燃易爆物品等带入库区。

⑧ 监控和通信设施要求。

监督依据标准：Q/SY 08313—2016《物探作业民爆物品安全管理规范》。

7.3.9 库内应设置视频监控系统,监控范围无盲区。采用24h连续记录方式,记录应选用数字录像设备,记录的图像信息应包括记录时的日期和时间,记录信息保存时间应大于30d。库区围栏内侧四周应设置红外线入侵探测报警系统,有条件的还应与当地公安机关建立报警联动。视频监控系统和红外线入侵探测报警系统应由值班室统一供电,同时配置应急电源。应急电源应能保证对视频部分供电应大于1h,报警部分供电应大于8h。

7.3.10 民爆物品临时库与营地间通讯宜使用有线电话,有线电话应设置在值班室内。当使用无线通信设备时,应满足射频辐射安全防护条件。

(4) 检查民爆物品临时库管理:
① 民爆物品的储存要求。

监督依据标准:Q/SY 08313—2016《物探作业民爆物品安全管理规范》。

7.4.5 民爆物品宜单库存放,起爆点火器材不应与炸药同一库房存放,如果两种以上同品种民爆物品同库存放,应符合表1规定;出入库应采用民爆物品信息管理系统,按规定时间上报数据,防止系统锁死;雷管入库,应存放在雷管库或专用雷管箱内,并做好防鼠工作。炸药入库存放,库房为建筑物时,码垛宽度不超过4箱,炸药垛高度不超过1.8m,雷管垛高度不超过1.6m,垛间距不小于0.5m,离库房墙壁不小于0.2m。库房为专用集装箱时,执行GB 6722标准。

7.4.11 报废炸药和完好炸药应分别存放。

② 民爆物品收发要求。

监督依据标准:Q/SY 08313—2016《物探作业民爆物品安全管理规范》。

5.2.1 民爆物品送达入库前应进行验收。物探队应指定库房负责人和保管员共同验收。应先核对证件,内容包括但不限于:押运证、运输证、编码清单、发货通知单等;验收应按照GB/T 2828.1执行,内容包括但不限于:名称、规格、型号、数量、编码、交接清单与实物的符合情况。

5.2.2 检验产品质量按不低于1%抽检,内容包括但不限于:编码的正确性、附着力和清晰度,产品是否受压变形,药柱的封口、填充及密实度,雷管脚线短路情况等,抽检开箱要保存质量报告单。

5.2.3 核对无误后,送货方押运员、接收方保管员在交接清单上签字,物探队留存一份。

6.3.1 装卸民爆物品时,应有专人负责组织和指导安全操作,有专人负责清点、验收和登记。

7.4.3 保管员负责出入库及账目管理,确保账物相符。库房实行"双人双锁",不应收发无编码或编码有误的民爆物品;禁止储存炸药包。

7.4.6 建立民爆物品出入库检查验收登记制度,填写《炸药出入库班报》(见附录C)、《雷管出入库班报》(见附录D),做到账目清楚、账物相符。

③装卸和搬运要求。

监督依据标准：Q/SY 08313—2016《物探作业民爆物品安全管理规范》。

4.5 涉爆人员应执行定岗、定责和爆炸作业各种安全距离的规定，持证、穿戴防静电护品上岗。在不具备安全作业条件时，涉爆人员有权拒绝作业。

6.3 装卸和搬运

6.3.1 装卸民爆物品时，应有专人负责组织和指导安全操作，有专人负责清点、验收和登记。装卸人员应掌握装卸民爆物品的安全知识和应急常识。无关人员不得进入装卸作业区。

6.3.2 装卸应在白天进行。确须夜间装卸时，应经作业单位负责人审批，设置安全照明设备，加强警戒。暴风雨或雷雨等恶劣天气禁止装卸。

6.3.3 车辆进入装卸区后应熄火，驾驶员不得离开驾驶室，车辆与库房距离大于2.5m。

6.3.4 装卸和搬运时，要先释放人体静电，应轻拿轻放，防止振动、撞击、摩擦、抛甩，不准使用易产生火花的工具搬运；炸药、雷管要分开搬运；人力一次搬运量不超过表1的规定；性质相抵触的民爆物品（见表2）不能在同一地点同时装卸。

表1 人工搬运和装卸民爆物品限量表

民爆物品包装形式	搬运方式	搬运和装卸重量，kg
药柱	肩扛	10
散装药	肩扛	20
原装（箱）	背运	24
原装（箱）	挑运	48

表2 性质相抵触的民爆物品一览表

危险品名称	雷管类	黑火药	导火索	硝铵类炸药	属A1级单质炸药类	属A2级单质炸药类	射孔弹类	导爆索类	胶质炸药
雷管类	＋	—	—	—	—	—	—	—	—
黑火药	—	＋	—	—	—	—	—	—	—
导火索	—	—	＋	＋	＋	＋	＋	＋	＋
硝铵类炸药	—	—	＋	＋	＋	＋	＋	＋	＋

续表

危险品名称	雷管类	黑火药	导火索	硝铵类炸药	属A1级单质炸药类	属A2级单质炸药类	射孔弹类	导爆索类	胶质炸药
属A1级单质炸药类	—	—	+	+	+	+	+	+	+
属A2级单质炸药类	—	—	+	+	+	+	+	+	+
射孔弹类	—	—	+	+	+	+	+	+	+
导爆索类	—	—	+	+	+	+	+	+	+
胶质炸药	—	—	+	+	+	+	+	+	+

注：1. "+"表示能同车(船)运输、同库贮存；"—"表示不能同车(船)运输，不能同库贮存。
2. 雷管类包括火雷管、电雷管、导爆管雷管。
3. 硝铵类炸药指以硝酸铵为主要成分的炸药，包括粉状铵梯炸药、铵油炸药、铵松蜡炸药、铵沥蜡炸药、乳化炸药、水胶炸药、浆状炸药、多孔粒状铵油炸药、粒状黏性炸药、震源药柱等。
4. 属A1级单质炸药类为黑索金、太安、奥克托金和以上述单质炸药为主要成分的混合炸药或炸药柱(块)。
5. 属A2级单质炸药类为梯恩梯和苦味酸及以梯恩梯为主要成分的炸药或炸药柱(块)。
6. 导爆索类包括各种导爆索和以导爆索为主要成分的产品，包括继爆管和爆裂管。

6.3.5　野外装卸作业现场应设置半径为50m的警戒区。
6.3.6　驾驶人员应服从装卸现场监护人员指挥，经同意后方可开车(船)。

（4）民爆物品库房管理。

监督依据标准：Q/SY 08313—2016《物探作业民爆物品安全管理规范》。

7.3.11　物探队施工项目完成后立即撤销民爆物品临时库。
7.4　民爆物品库区安全管理要求
7.4.1　库区应建立值班、检查、登记、验收和防火制度，在醒目位置张贴，应定期应急演练。临时库应实施四防：人防、物防、技防、犬防。
7.4.2　民用爆炸物品储存库治安防范按照GA 837执行。警卫人员应持证上岗，不得少于4人，配备必要的防身器具，不应酒后上岗、乱岗、串岗、睡岗；警卫值班室、宿舍应设在库房30m以外、通视良好的位置，实行24h值班；应填写值班记录，无关人员不得进入库区；警卫人员应进行日常巡回安全检查：查看门、窗、锁有无损坏，库区周围有无火源、易燃物品及其他不安全因素。

7.4.3 保管员负责出入库及账目管理,确保账物相符。库房实行"双人双锁",不应收发无编码或编码有误的民爆物品;禁止储存炸药包。

7.4.5 民爆物品宜单库存放,起爆点火器材不应与炸药同一库房存放,如果两种以上同品种民爆物品同库存放,应符合表1规定;出入库应采用民爆物品信息管理系统,按规定时间上报数据,防止系统锁死;雷管入库,应存放在雷管库或专用雷管箱内,并做好防鼠工作。炸药入库存放,库房为建筑物时,码垛宽度不超过4箱,炸药垛高度不超过1.8m,雷管垛高度不超过1.6m,垛间距不小于0.5m,离库房墙壁不小于0.2m。库房为专用集装箱时,执行GB 6722标准。

7.4.6 建立民爆物品出入库检查验收登记制度,填写《炸药出入库班报》(见附录C)、《雷管出入库班报》(见附录D),做到账目清楚、账物相符。

7.4.7 库房内应使用防爆手电筒照明,不应安装电气设备和电气照明装置,不应吸烟和动火。不应在库房内住宿和进行与工作无关的活动,不应将火种、易燃易爆物品等带入库区。

7.4.8 库区内无杂草,铁丝网外周围2m无杂草,无易燃易爆物品堆放,保持清洁,应设置安全防火标志牌。

7.4.9 各类人员进入库区应将火种、电台、手机等物品存放在警卫室。携带、配置无线电通信设施的人员、车辆不应进入库区。无线电发射机与民爆物品库最小安全距离见表9。

表9 无线电发射机与民爆物品库最小安全距离

发射机功率,W		<5	5~<10	10~<50	50~<100	100~<250
距离,m	频率25MHz	21	30	75	105	150
	频率150MHz	6	9	21	30	47

7.4.10 在库区内拉运民爆物品的车辆或其他动力设备,应装防火罩。

7.4.11 报废炸药和完好炸药应分别存放。

7.4.12 发现民爆物品丢失、被盗、遭抢,应立即报告上级主管部门和所在地公安机关。

(5)班前会召开情况。

(6)民爆物品的销毁管理。

> 监督依据标准：Q/SY 08313—2016《物探作业民爆物品安全管理规范》，GB 6722—2014《爆破安全规程》。
>
> Q/SY 08313—2016《物探作业民爆物品安全管理规范》：
>
> 10 报废与销毁
>
> 10.1 因产品质量、民爆物品受潮变质、破损严重等原因，确认无法使用或影响作业安全的民爆物品均应列为报废的范围。
>
> 10.2 剩余不再使用或报废的民爆物品应登记造册，制定处置方案，报上级主管部门批准，并向当地公安机关备案，按批准的方案销毁。
>
> 10.3 销毁方法和安全技术措施按 GB 6722 有关规定执行。
>
> GB 6722—2014《爆破安全规程》：
>
> 14.2.4.3 销毁爆破器材，可采用爆炸法、焚烧法、溶解法、化学分解法。
>
> 14.3.4.4 用爆炸法或焚烧法销毁爆破器材时，应在销毁场进行，销毁场应符合 GB 50089 的规定。
>
> 14.3.4.5 用爆炸法销毁爆破器材应按销毁技术设计进行，技术设计由单位爆破技术负责人批准并报当地公安机关备案。
>
> 14.3.4.6 燃烧不会引起爆炸的爆破器材，可用焚烧法销毁。焚烧前，应仔细检查，严防其中混有雷管或其他起爆器材。
>
> 14.3.4.7 不抗水的硝铵类炸药和黑火药可置于容器中用溶解法销毁。不应直接将爆破器材直接丢入河塘江湖及下水道中溶解销毁。
>
> 14.3.4.8 采用化学分解法销毁爆破器材时，应使爆破器材达到完全分解，其溶液应经处理符合有关规定，方可排放到下水道。
>
> 14.3.4.9 每次销毁爆破器材后，应对现场进行检查，如发现有残存爆破器材，应收集起来，进行再次销毁。

（四）典型"三违"行为

（1）无证上岗。

（2）临时库相关资料没有报备。

（3）值班制度不按要求落实。

（4）入库前验收和抽检率不达标。

（5）民爆物品摆放不合格。

（6）"双人双锁"制度不落实。

（7）防火防爆措施落实不到位。

（8）违规装卸和搬运民爆物品。

（9）联系点检查落实不到位。

（10）超量发放民爆物品。

（11）班报不做两两对口核对、账物不核对，班报记录不规范。

（12）未按要求配备和使用劳动防护用品。

（13）未按要求对储存、消防和报警设施进行检查。

（14）未按要求进行应急演练。

（15）避雷针不检测或检测不合格，未及时整改。

（16）未按规定对进入库区的车辆和人员进行检查。

（五）典型案例

湖南省郴州市民爆物品被盗案。

1. 简要经过

2015年1月4日12时许，郴州资兴市蓼江镇练图煤矿雷管库4400枚电雷管被盗。案发后，经专案组民警5天的连续奋战，于1月8日将犯罪嫌疑人唐贵礼、唐敏华抓获，被盗的4400枚电雷管全部追回。

2. 主要原因

（1）民爆库值班人员脱岗。

（2）民爆库值班人员没有经过专业培训，无证上岗。

（3）民爆库安全管理主体责任不落实，日常监管不到位。

3. 事故教训

（1）涉爆人员必须经过培训，持有效证件上岗。

（2）严禁脱岗、睡岗、酒后上岗。

（3）主管部门应经常到位检查，发现问题及时整改。

4. 事件启示

一要强化督促检查，严格落实规章制度。二要强化教育执法，严格落实主体责任。三要强化库房值守，严格落实防范措施。四要强化责任追究，严格落实监管责任。

（六）思考题

（1）民爆物品入库验收包括哪些方面？

（2）如何加强"四防"管理的监督？

（3）库房为建筑物时,炸药、雷管存放有何具体要求？

二、临时加油点管理的安全监督

临时加油点是物探队临时接收、储存和发放燃油的场所,存在着高处坠落、火灾、爆炸、环境污染等风险。

（一）监督内容

（1）岗位 HSE 培训和岗位技术培训情况,本岗位 HSE 技能掌握情况。

（2）检查临时加油点相关资料是否齐全。

（3）临时加油点符合性情况：

——安全距离是否符合要求；

——消防器材配备是否符合要求；

——防雷、防静电设施是否符合要求；

——防油料泄漏措施是否符合要求；

——接地电阻是否符合要求。

（4）安全职责和属地职责的履行情况：

——对外来人员进行安全提示；

——装卸油料前做好等电位连接。

（5）劳动防护用品的配备和使用情况。

（6）安全活动和安全检查的实施情况。

（7）属地内设备设施完整有效性。

（8）应急演练、应急处置、应急物资配备。

（二）主要监督依据

《危险化学品安全管理条例》（国务院令第 591 号,2013 年）；

AQ 2012—2007《石油天然气安全规程》；

Q/SY 1124.1—2012《石油企业现场安全检查规范 第 1 部分：物探地震作业》。

（三）监督控制要点

（1）物探队临时加油点平面布置。

> 监督依据标准：AQ 2012—2007《石油天然气安全规程》,Q/SY 1124.1—2012《石油企业现场安全检查规范 第 1 部分：物探地震作业》。

> AQ 2012—2007《石油天然气安全规程》：
>
> 5.1.2.2 营地布设，应符合下列要求：
>
> ——临时加油点设在距离居住地100m以外；
>
> ——不应在高压线30m内设置临时加油点。
>
> Q/SY 1124.1—2012《石油企业现场安全检查规范 第1部分：物探地震作业》：
>
> 表A.5给出了危险化学品储运检查项目与内容。
>
> ——临时加油点设临时加油点应设在距离居住地100m以外的下风处，严禁在距离高压线30m内设置。

（2）物探队临时加油点防泄漏要求。

> 监督依据标准：Q/SY 1124.1—2012《石油企业现场安全检查规范 第1部分：物探地震作业》。
>
> 表A.5给出了危险化学品储运检查项目与内容。
>
> ——使用储油罐储油的应建溢油池，使用橡胶罐储油的应建防泄漏池，单个罐储油时溢油池和防泄漏池的容积应不小于储油罐或橡胶罐容积的1.1倍，集中储油时溢油池和防泄漏池的容积应不小于最大储油罐或橡胶罐容积的1.1倍。
>
> ——储油罐应无渗漏、无油污，油泵、抽油机、输油管等工具应摆放整齐，并有防尘措施。
>
> ——储油罐应保持5%～7%的气体空间。

（3）装卸油作业人员劳动防护用品穿戴和使用情况。

> 监督依据标准：Q/SY 1124.1—2012《石油企业现场安全检查规范 第1部分：物探地震作业》。
>
> 表A.5给出了危险化学品储运检查项目与内容。
>
> ——加油员穿戴防静电护品。

（4）物探队临时加油点防雷要求。

> 监督依据标准：AQ 2012—2007《石油天然气安全规程》，Q/SY 1124.1—2012《石油企业现场安全检查规范 第1部分：物探地震作业》。
>
> AQ 2012—2007《石油天然气安全规程》：
>
> 5.1.2.3.3 临时加油点安全，应符合下列要求：

——临时加油点四周应架设围栏,并设隔离沟、安全标志和避雷装置。

Q/SY 1124.1—2012《石油企业现场安全检查规范 第1部分:物探地震作业》:

表 A.5 给出了危险化学品储运检查项目与内容。

——罐体钢板壁厚小于 4mm 的,应设置避雷装置。

——储油罐接地电阻小于 10Ω。

（5）物探队临时加油点消防要求。

监督依据标准:AQ 2012—2007《石油天然气安全规程》,Q/SY 1124.1—2012《石油企业现场安全检查规范 第1部分:物探地震作业》。

AQ 2012—2007《石油天然气安全规程》:

5.1.2.3.3 临时加油点安全,应符合下列要求:

——临时加油点四周应架设围栏,并设隔离沟、安全标志和避雷装置。

——临时加油点附近无杂草、无易燃易爆物品、无杂物堆放,应配备灭火器、防火沙等。

——加油区内严禁烟火,不应存放车辆设备。

——储油罐无渗漏、无油污,接地电阻小于 10Ω,罐盖要随时上锁,并有专人管理。

Q/SY 1124.1—2012《石油企业现场安全检查规范 第1部分:物探地震作业》:

表 A.5 给出了危险化学品储运检查项目与内容。

——临时加油点 30m 内严禁烟火,严禁存放车辆设备。

（6）物探队临时加油点现场管理。

监督依据标准:监督依据标准:《危险化学品安全管理条例》（国务院令第 591 号,2013 年）,Q/SY 1124.1—2012《石油企业现场安全检查规范 第1部分:物探地震作业》。

《危险化学品安全管理条例》（国务院令第 591 号,2013 年）:

第十八条 对重复使用的危险化学品包装物、容器,使用单位在重复使用前应当进行检查;发现存在安全隐患的,应当维修或者更换。使用单位应当对检查情况做出记录,记录的保存期限不得少于 2 年。

Q/SY 1124.1—2012《石油企业现场安全检查规范 第1部分:物探地震作业》:

4.1.2.49 油料员

油料员岗位安全职责履行情况检查应包括:

——落实属地管理职责,对外来人员进行安全提示;
——按规定穿戴防静电劳动防护用品;
——收集保管加油人员的手机、火种等物品;
——按规程收、发油料并做好记录;
——负责检查加油车辆与静电释放连线的连接;
——负责油罐接地、避雷设施、消防设施、防泄漏池的日常检查和维护。

油料员现场安全检查内容应包括属地内设备设施、工器具与场所。

表 A.5 给出了危险化学品储运检查项目与内容。

——各种油品应分号存放,标明油品的种类,进出油料有检查、验收、登记制度。
——加油员穿戴防静电护品。
——储油罐应无渗漏、无油污,油泵、抽油机、输油管等工具应摆放整齐,并有防尘措施。
——储油罐罐盖要随时上锁,并有专人管理。
——油料运输车司机应具有三年以上驾驶经验,并取得危货运输从业资格,穿戴防静电护品。
——车内及车辆周围 20m 内,不应吸烟或动用明火。
——车上不应混装其他物品。
——除一名押运员外,不应搭乘无关人员。
——油料不应装得过满,油罐应留有大于 5% 的空间,罐体、车体不应有油渍。
——不应把车停在村庄、重要建筑设施和高压线附近。
——不应安装使用无线电通信设施。
——自流罐装卸油料时车辆应熄火,并接地。装卸油过程中司机应在现场值守。
——各种油品应分号存放,标明油品的种类,进出油料有检查、验收、登记制度。

(四)典型"三违"行为

(1)防泄漏池的容积小于储油罐容积的 1.1 倍。

(2)储油罐罐体防雷、防静电装置接地电阻未及时检测或检测不合格。

(3)加油员作业时不穿戴防静电护品。

(4)消防器材未及时检查或失效未及时更换。

(5)临时加油点有吸烟、接打手机现象。

(6)装卸油时油罐车和储油罐没有进行等电位连接。

（7）夏季施工，临时加油点未采取降温措施。

（8）未使用防爆油泵。

（五）典型案例

天气炎热，油罐着火。

1. 简要经过

1998年8月，某物探队在锡林至阿尔善42km处的白音苏木施工。小队自建油库距营地有100m左右，当时油库有2个汽油罐和2个柴油罐。一天中午天气特别炎热，从工地回来2辆车加汽油。当油料员打开油罐盖后，随即油罐有火焰向上喷出，油料员立即拿起灭火器进行灭火，随即把火扑灭，没有酿成大的火灾。

2. 主要原因

（1）天气炎热，对油库未采取任何降温措施。

（2）罐口与罐体之间连接处，未采取防碰撞、防静电措施，导致碰撞产生火花，引起火灾。

（3）油料员没有提前释放静电，操作不当，加油不应打开罐盖。

3. 事故教训

（1）油库建设不规范。

（2）油料员没有严格按照操作规程操作。

4. 事件启示

（1）油库是重点，油库建设应严格按照标准要求，不能马虎。

（2）关键部位必须要做好各种隐患的排查，防患于未然。

（3）油料员应严格按照操作规程操作。

（六）思考题

（1）临时加油点选址布设应符合哪些要求？

（2）临时加油点有哪些风险点源？应如何进行监督？

三、发电、配电、充电管理的安全监督

发电、配电、充电管理是物探队用电管理的几个重要环节，存在触电、火灾、砸伤、高处坠落、职业伤害等风险。

（一）监督内容

（1）岗位HSE培训和岗位技术培训情况，本岗位HSE技能掌握情况，持证上岗情况。

（2）发电、配电、充电场所相关资料。

（3）发电、配电、充电场所符合性情况：

——选址是否符合要求；

——消防器材配备是否符合要求；

——用电线路布设是否符合要求；

——发电机与储油罐的安全距离是否符合要求；

——有无易燃物、杂物存放；

——接地电阻是否符合要求；

——防雷、防静电设施是否符合要求。

（4）安全职责和属地职责的履行情况。

（5）劳动防护用品的配备和使用情况。

（6）安全活动和安全检查的实施情况。

（7）属地内设备设施完整有效性。

（8）应急演练、应急处置、应急物资配备。

（二）主要监督依据

AQ 2012—2007《石油天然气安全规程》；

Q/SY 1124.1—2012《石油企业现场安全检查规范 第1部分：物探地震作业》。

（三）监督控制要点

（1）物探队发电房选址。

> 监督依据标准：AQ 2012—2007《石油天然气安全规程》。
>
> 5.1.2.2 营地布设，应符合下列要求：
>
> ——发配电站设在距离居住区50m以外。

（2）物探队发电房、充电房平面布置。

> 监督依据标准：AQ 2012—2007《石油天然气安全规程》，Q/SY 1124.1—2012《石油企业现场安全检查规范 第1部分：物探地震作业》。
>
> AQ 2012—2007《石油天然气安全规程》：
>
> 5.1.2.3.2 发、配电安全，应符合下列要求：
>
> ——发电机组间距大于2m；
>
> ——供油罐与发电机的安全距离不小于5m，阀门无渗漏，罐口封闭上锁。

Q/SY 1124.1—2012《石油企业现场安全检查规范 第1部分:物探地震作业》:

表 A.4 给出了用电设施设置与运行检查项目与内容:

——移动式柴油发电机的停放地点应平坦且高出周围地面 0.25m～0.3m,柴油发电机的拖车前后轮应卡住。

——充电机房配电箱应安装在充电房门口位置,便于操作。

——充电机应并排摆放,每台充电设备必须应有各自的专用开关,实行"一机一闸"制,充电机距离电瓶的安全距离为 1.5m,充电机金属底座应接地,接地采用"一机一地"方式,其接地电阻不大于 4Ω。

——充电房电瓶摆放按已充区、待充区、充电区三个区块划分,每个区域电瓶摆放应整齐排列,中间设置 0.8m 安全通道。

——配电箱、开关箱中导线的进线口和出线口应设在箱体的下底面。进、出线应加护套分路成束并做防水弯,导线束不应与箱体进、出口直接接触。移动式配电箱和开关箱的进、出线应采用橡皮绝缘电缆。

——变配电设备遮拦高度应不低于 1.7m。

(3)物探队发电房基础设施配置。

监督依据标准:AQ 2012—2007《石油天然气安全规程》。

5.1.2.3.2 发、配电安全,应符合下列要求:

——发电机组应设置防雨、防晒棚,交流电机和励磁机组应加罩或外壳;

——有防尘、散热、保温措施,有防火、防触电等安全标志;

——接线盒要密封,绝缘良好,不应超负荷运行;

——发电机组应装两根接地线,且接地电阻小于 4Ω;

——机组滑架下应安装废油、废水收集装置,机组与支架固定部位应防振、固牢;

——排气管有消音装置。

(4)物探队发电房、配电系统、充电房管理。

① 发电房;

监督依据标准:AQ 2012—2007《石油天然气安全规程》,Q/SY 1124.1—2012《石油企业现场安全检查规范 第1部分:物探地震作业》。

AQ 2012—2007《石油天然气安全规程》:

5.1.2.3.2 发配电安全,应符合下列要求:

——保持清洁,有防尘、散热、保温措施,有防火、防触电等安全标志;
——接线盒要密封,绝缘良好,不应超负荷运行;
——供油罐阀门无渗漏,罐口封闭上锁。

Q/SY 1124.1—2012《石油企业现场安全检查规范 第1部分:物探地震作业》:

表 A.4 给出了用电设施设置与运行检查项目与内容:

发电机:

——贮油设备应用钢质油罐,供油罐与发电机的距离应不小于5m,油路阀门无渗漏。
——移动式柴油发电机的停放地点应平坦且高出周围地面0.25m～0.3m,柴油发电机的拖车前后轮应卡住。
——发电机及拖车应可靠接地,接地电阻不应大于4Ω。
——应设置防雨、防晒棚且应牢固可靠,发电机和励磁机应有防护罩。
——发电机周围4m内不应存放易燃物。
——柴油发电机的总容量应满足最大负荷的需要。
——并列运行的柴油发电机应装设同期装置。
——柴油发电机的出口侧应设置短路保护、过负荷保护、低电压保护等装置。
——运行的发电机三相电压和三相电流应近似平衡。
——应配备不少于两具的4kg干粉灭火器。

② 配电系统;

监督依据标准:Q/SY 1124.1—2012《石油企业现场安全检查规范 第1部分:物探地震作业》。

表 A.4 给出了用电设施设置与运行检查项目与内容:

配电系统:

——配电屏盘应装设短路、过负荷保护装置和漏电保护器。
——配电屏(盘)上的各配电线路应编号,并标明用途。
——实行分级配电,动力配电箱与照明配电箱宜分别设置,如合置在同一配电箱内,动力和照明线路应分路设置。
——总配电箱应设在靠近电源的地区,分配电箱应装设在用电设备或负荷相对集中的地区。分配电箱与开关箱的距离不应超过30m。开关箱与其控制的固定式用电设备的水平距离不宜超过3m。

——配电箱、开关箱应防雨、防尘。

——配电箱内的电器应首先安装在金属或非木质的绝缘电器安装板上,然后整体紧固在配电箱箱体内。金属板与配电箱箱体应作电气连接。

——配电箱、开关箱内的连接线应采用绝缘导线,接头不应松动,无外露带电部分。

——配电箱和开关箱的金属箱体、金属电器安装板以及箱内电器的不应带电金属底座、外壳等应作保护接零(地),保护零线应通过接线端子板连接。

——总配电箱应装设总隔离开关和分路隔离开关、总熔断器和分路熔断器(或总自动开关和分路自动开关)以及漏电保护器。若漏电保护器同时具备过负荷和短路保护功能,则可不设分路熔断器或分路自动开关。总开关电器的额定值、动作整定值应与分路开关电器的额定值、动作整定值相适应。

——每台用电设备应配备各自专用的开关箱,应实行"一机一闸"制,不应用同一个开关直接控制二台及二台以上用电设备。

——开关箱中应装设漏电保护器,漏电保护器应装设在配电箱电源隔离开关的负荷侧和开关箱电源隔离开关的负荷侧。

——开关箱内的漏电保护器额定漏电动作电流应不大于30mA,额定漏电动作时间应小于0.1s。使用于潮湿和有腐蚀介质场所的漏电保护器应采用防溅型产品,其额定漏电动作电流应不大于15mA,额定漏电动作时间应小于0.1s。对搁置已久重新使用和连续使用一个月的漏电保护器,应认真检查其特性。

——配电箱、开关箱中导线的进线口和出线口应设在箱体的下底面。进、出线应加护套分路成束并做防水弯,导线束不应与箱体进、出口直接接触。移动式配电箱和开关箱的进、出线应采用橡皮绝缘电缆。

——配电箱、开关箱应每月进行一次检查和维修。

——变配电设备遮拦高度应不低于1.7m。

③ 充电房;

监督依据标准:Q/SY 1124.1—2012《石油企业现场安全检查规范 第1部分:物探地震作业》。

表A.4给出了用电设施设置与运行检查项目与内容:

充电房:

——充电房应悬挂"注意安全、禁止烟火、当心触电、严禁吸烟、闲人免进"等安全警告标志牌。

——充电房应保持干净、干燥不得堆放易燃物品和杂物。充电房应有防雨、防风措施,通风良好,地面平整,地面上应铺设绝缘胶皮。

——充电机房配电箱应安装在充电房门口位置,便于操作。

——充电机电源线应采用四芯(三相)电缆线或塑料护套软线,截面应符合充电机要求。

——充电机应并排摆放,每台充电设备必须应有各自的专用开关,实行"一机一闸"制,充电机距离电瓶的安全距离为1.5m,充电机金属底座应接地,接地采用"一机一地"方式,其接地电阻不大于4Ω。

——充电房应架设悬挂充电电缆的辅助绳,辅助绳距地面高度为1.7m,辅助绳宜采用绝缘材料。

——充电房电瓶摆放按已充区、待充区、充电区三个区块划分,每个区域电瓶摆放应整齐排列,中间设置0.8m安全通道。

——不应在充电机和配电箱上摆放任何物品。

——应配置不少于两2具,4kg以上的ABC干粉灭火器。

——充电工应配备绝缘靴、防腐蚀绝缘手套、防护眼镜、应急洗眼台、洗眼液和围裙。

④ 物探队用电管理:电气线路应有过载、短路、漏电保护装置,无私拉乱接电线现象,临时用电经过作业许可,定期对发电(充电)设备、用电线路和接地进行检查,定期对接地体进行检测,电工穿劳保上岗等。

监督依据标准:AQ 2012—2007《石油天然气安全规程》,Q/SY 1124.1—2012《石油企业现场安全检查规范 第1部分:物探地震作业》。

AQ 2012—2007《石油天然气安全规程》:

5.1.2.3.1 用电安全,应符合下列要求:

——应配备持证电工负责营地电气线路、电气设备的安装、接地、检查和故障维修;

——电气线路应有过载、短路、漏电保护装置;

——各种开关、插头及配电装置应符合绝缘要求,无破损、裸露和老化等隐患;

——所有营房车及用电设备应有接地装置,且接地电阻应小于4Ω;

——不应在营房、帐篷内私接各种临时用电线路。

Q/SY 1124.1—2012《石油企业现场安全检查规范 第1部分:物探地震作业》:

4.1.2.47 电工

电工岗位安全职责履行情况检查应包括：

——落实属地管理职责，对外来人员进行安全提示和监护；

——持有效证件上岗；

——穿戴绝缘劳动防护用品上岗；

——使用的检测工具应符合标准要求；

——熟练掌握上锁挂牌和作业许可流程并遵照执行；

——按规程操作配电设备并进行维护保养；

——对配电设备及其线路进行检查，发现问题及时处置；

——规范架线、布线。

电工现场安全检查内容应包括属地内设备设施、工器具与场所，用电设备、用电线路。

4.1.2.48 发电（充电）工

发电（充电）工岗位安全职责履行情况检查应包括：

——落实属地管理职责，对外来人员进行安全提示和监护；

——持有效证件上岗；

——穿戴绝缘、耐酸劳动防护用品上岗；

——耳罩、手套、围裙、护目镜、洗眼台等配置齐全、有效；

——按规程操作发电（充电）设备并进行维护保养；

——对发电（充电）设备、用电线路和接地进行检查，发现问题及时处置；

——负责充电用酸类的保管；

——充电房场地的通风良好。

——发电（充电）工现场安全检查内容应包括属地内设备设施、工器具与场所。

（四）典型"三违"行为

（1）电工无证上岗。

（2）电工未正确穿、佩戴劳动防护用品上岗。

（3）发电机未接地或接地电阻不符合要求。

（4）发电机与储油罐安全距离不符合要求。

（5）发电机组未设置防雨、防晒棚。

（6）发电机周围存放易燃物。

（7）配电系统未做到三级配电两级防护。

（8）用电设备未做到"一机一闸"。

（9）未合理安装漏电保护器。

（10）充电机未做到"一机一接地"。

（11）充电房区域划分不合理。

（12）私拉乱接用电线路。

（13）私自使用大功率用电设备。

（五）典型案例

电瓶通气孔堵塞，充电时爆炸。

1. 简要经过

某物探队在新疆施工，有一次电工在给电瓶充电时，由于新疆风沙较大，下雪后，个别电瓶的盖子、通气孔上满是泥土。当时充电工由于疏忽大意，没有对电瓶进行冲洗，也没有把电瓶的盖子打开就直接给电瓶充电，致使电瓶爆炸。

2. 主要原因

（1）电瓶盖子的通气孔堵塞。

（2）充电时没有把电瓶的盖子打开。

3. 事故教训

（1）充电工没有按照充电操作规程操作。

（2）平时工作疏忽大意，安全意识差。

4. 事件启示

电工在给电瓶充电时，一定要把电瓶清洗干净，并把盖子打开，检查电瓶通气孔是否堵塞，一切正常后才可充电。

（六）思考题

（1）检查充电房时应关注哪几方面？

（2）检查发电机房时重点检查哪些方面？

（3）电工职责有哪些？

四、交通运输的安全监督

交通运输是物探队利用交通工具运送生产生活物资、人员的活动，分为陆路运输、海上运输、空中运输，主要涉及交通伤害、人员迷失、淹溺、火灾等风险。本部分重点讲述陆路运输的安全监督管理。

（一）监督内容

（1）设备、交通方面管理制度制定情况。

（2）岗位 HSE 培训和岗位技术培训情况，本岗位 HSE 技能掌握情况，持证上岗情况。

（3）车辆技术档案是否齐全，各种证照、手续是否齐全有效。

（4）安全职责和属地职责的履行情况。

（5）班前会执行情况。

（6）劳动防护用品的配备和使用情况。

（7）检查旅程管理、四汇报、长途搬迁等制度执行情况。

（8）GPS 终端安装及监控运行情况。

（9）外租车辆和承包商车辆管理情况。

（10）物探队停车场选址、平面布置及管理情况。

（11）安全活动和安全检查的实施情况。

（12）运输设备设施完整有效性。

（13）应急演练、应急处置、应急物资配备。

（二）主要监督依据

《中华人民共和国道路交通安全法》（主席令第 47 号，2011 年）；

《爆破器材运输车安全技术条件》（科工爆第 156 号，2001 年）；

GB 6722—2014《爆破安全规程》；

AQ 2012—2007《石油天然气安全规程》；

Q/SY 1124.1—2012《石油企业现场安全检查规范 第 1 部分：物探地震作业》；

Q/SY 1431—2011《防静电安全技术规范》；

Q/SY 08313—2016《物探作业民爆物品安全管理规范》。

（三）监督控制要点

（1）检查驾驶员、押运员相关资质，车辆证照及相关手续。

> 监督依据标准：《中华人民共和国道路交通安全法》（主席令第 47 号，2011 年），Q/SY 08313—2016《物探作业民爆物品安全管理规范》，Q/SY 1124.1—2012《石油企业现场安全检查规范 第 1 部分：物探地震作业》，AQ 2012—2007《石油天然气安全规程》。
>
> 《中华人民共和国道路交通安全法》（主席令第 47 号，2011 年）：
>
> 第十九条 驾驶机动车，应当依法取得机动车驾驶证。

申请机动车驾驶证,应当符合国务院公安部门规定的驾驶许可条件;经考试合格后,由公安机关交通管理部门发给相应类别的机动车驾驶证。

Q/SY 08313—2016《物探作业民爆物品安全管理规范》:

6.1 运输车(船)

6.1.1 危险货物运输车辆应经设区的市级人民政府交通运输管理部门考核合格,取得《中华人民共和国道路运输证》,经营范围为危险货物运输方可投入使用。长途运输应办理《民用爆炸物品运输许可证》。

6.2 驾驶员和押运员

6.2.1 民爆物品运输车驾驶员应选派具有连续5年以上驾龄,持有单位准驾证,驾驶技术好,身体健康,责任心强,经过安全、应急培训合格,并经设区的市级人民政府交通运输管理部门考核合格,取得危货运输资格的单位在册职工。

Q/SY 1124.1—2012《石油企业现场安全检查规范 第1部分:物探地震作业》:

4.1.2.41 油料运输车司机

——持有效证件上岗;

表 A.6 给出了交通管理与车辆运行检查项目与内容。

——从事民爆物品运输的车辆应经设区的市级人民政府交通运输管理部门检验合格,并取得危险货物运输证。

——运油车辆应为专用油罐车,并取得危货运输证。

AQ 2012—2007《石油天然气安全规程》:

5.1.3.4 可控震源作业应依据可控震源的类型制定相应操作规程,作业过程中还应执行以下规定:

——可控震源操作手应取得机动车辆驾驶证和单位上岗证书,并掌握一般的维修保养技能方可独立操作。

(2)驾驶员、押运员劳动防护用品穿戴和使用情况。

监督依据标准:Q/SY 1124.1—2012《石油企业现场安全检查规范 第1部分:物探地震作业》:

4.1.2.39 民爆物品运输车司机

民爆物品运输车司机岗位安全职责履行情况检查应包括:

——落实属地管理职责;

——按规定穿戴防静电劳动防护用品;

——民爆物品运输车司机资质符合要求,按规程驾驶民爆物品运输车并进行维护保养;

——随身携带车辆和司机危货运输证;

——车装防静电橡胶拖地带、灭火器齐全完好;

——民爆物品箱体与民爆物品重量之和不超过核定载重量,民爆物品装载不超过箱体容积的五分之四;

——按照指定路线行驶;

（3）班前会召开情况。

（4）车辆运输应符合以下要求：

① 外租车辆、承包商车辆执行物探队的统一规定和要求;

② 运输设备运行良好,随车 HSE 设施齐全有效;

③ 危货车辆技术状况和安全附件完好情况;

④ 运输车辆应进行日常检查和定期维护保养;

⑤ 严格按要求实施旅程管理,执行四汇报、长途搬迁、车辆牵引等制度;

⑥ 提前识别工区内危险路段,设置警示标识,制定危险路段通行要求;

⑦ 司乘人员按规定驾乘车辆;

⑧ 车辆应按要求装载货物、运送人员,严禁客货混装;

⑨ 危货车辆运输应符合以下要求：

——民爆物品、危险化学品运输应配备押运员;

——驾驶员和押运人员不准在车上及其附近吸烟,严禁携带火种和其他易燃品;

——危货车辆应安装行车轨迹、视频监控系统,并按指定的路线行驶;

——危货车辆应悬挂危险品标识,配备灭火器;

——民爆物品应采用集装箱运输,油料应采用专用油罐车运输;

——严禁运输炸药包;

——民爆物品运输车和油料运输车应安装导静电接地装置。

监督依据标准：Q/SY 08313—2016《物探作业民爆物品安全管理规范》,《爆破器材运输车安全技术条件》(科工爆第 156 号,2001 年), GB 6722—2014《爆破安全规程》, Q/SY 1124.1—2012《石油企业现场安全检查规范 第 1 部分：物探地震作业》, Q/SY 1431—2011《防静电安全技术规范》。

Q/SY 08313—2016《物探作业民爆物品安全管理规范》:

6.1.2 运输车(船)应符合国家交通运输和航运的有关安全规定,结构牢靠,安全技术状况符合民爆物品运输抗爆容器技术要求,机械、电器性能良好,证照齐全。同时,应具有防盗、防火、隔热、防雨、防潮和防静电等性能。运输车辆应使用柴油动力,采用专用集装箱运输,标识统一。

6.1.3 运输车辆应安装标准的黄色"危险品"标志牌(旗);安装接地良好的防静电接地链(带);排气管应设隔热和熄灭火星装置;配备不少于两具ABC类干粉灭火器。装有雷管的车辆不得自行安装和使用无线电通信设备。

《爆破器材运输车安全技术条件》(科工爆第156号,2001年):

3.1.18 爆破器材运输车油管系统及其密封部位不得有渗漏,油管应坚固并具有防护装置,符合QC/T 900的规定。应在油箱附近显著位置安装快速切断油路的装置,油箱与排气管应相距300mm以上,与裸露的电气接头及电气开关应相距200mm以上。

GB 6722—2014《爆破安全规程》：

14.1.2 公路运输

14.1.2.1 用汽车运输爆破器材,应遵守下列规定：

——出车前,车库主任(或队长)应认真检查车辆状况,并在出车单上注明"该车经检查合格,准许运输爆破器材"；

——由熟悉爆破器材性能,具有安全驾驶经验的司机驾驶；

——在平坦道路上行驶时,前后两部汽车距离不应小于50m,上山或下山不小于300m；

——遇有雷雨时,车辆应停在远离建筑物的空旷地方；

——在雨天或冰雪路面上行驶时,应采取防滑安全措施；

——车上应配备消防器材,并按规定配挂明显的危险标识；

——在高速公路上运输爆破器材,应按国家有关规定执行。

14.1.2.2 公路运输爆破器材途中应避免停留住宿,禁止在居民点、行人稠密的闹市区、名胜古迹、风景游览区、重要建筑设施等附近停留。

Q/SY 1124.1—2012《石油企业现场安全检查规范 第1部分：物探地震作业》：

4.1.2.39 民爆物品运输车司机

民爆物品运输车司机岗位安全职责履行情况检查应包括：

——落实属地管理职责；

——按规定穿戴防静电劳动防护用品；

——民爆物品运输车司机资质符合要求,按规程驾驶民爆物品运输车并进行维护保养；

——随身携带车辆和司机危货运输证；

——车装防静电橡胶拖地带、灭火器齐全完好；

——民爆物品箱体与民爆物品重量之和不超过核定载重量，民爆物品装载不超过箱体容积的五分之四；

——按照指定路线行驶；

——按规定合理选择停车地点，协助民爆物品押运员进行停车看护。

4.1.2.40 民爆物品押运员

——监督司机按照指定的路线行驶；

——进行民爆物品运输停车看护。

4.1.2.41 油料运输车司机

——装卸油应提前接地。

Q/SY 1431—2011《防静电安全技术规范》：

3.2.16 加油站应满足下列防静电要求：

d）加油站的汽车油罐车卸油场地，应设用于汽车油罐车卸油时的防静电接地装置，接地电阻不应大于10Ω。汽车油罐车在接地时，应采用电池夹头、鳄式夹钳、专用连接夹具、蝶式螺栓等可靠的连接器与接地支线、干线相连，不应采用缠绕等不可靠的方法连接。

（5）运输车辆GPS终端安装及监控运行情况。

监督依据标准：Q/SY 1124.1—2012《石油企业现场安全检查规范 第1部分：物探地震作业》。

4.1.2.52 GPS监控员

GPS监控员岗位安全职责履行情况检查应包括：

——落实属地管理职责；

——对相关车辆的旅程管理进行登记；

——按照不同路况限速规定对车辆进行限速监控，并及时进行提示；

——每天对车辆超速信息进行统计上报；

——每周下载监控数据，并进行分析；

——按规程的要求对GPS监控设施进行维护保养。

表A.6 交通管理与车辆运行检查表：

——实行长途行车审批和派车单管理制度。

——有明确的工区各类型路段限速规定。

——有专人负责车辆监控,对车辆动态进行实时监控。

——驾驶员出车前,按要求向值班人员报告出发时间、乘车人数和估计到达目的地时间。

——车辆到达目的地后,驾驶员应向值班人员报告车辆已到达。

——驾驶员返程前,向值班人员报告出发时间、乘车人数和预计返回到达时间。

——驾驶员到返回后,向值班人员报告到达时间和其他情况。

(6)物探队停车场选址、平面布置及管理情况。

监督依据标准:Q/SY 1124.1—2012《石油企业现场安全检查规范 第1部分:物探地震作业》。

表 A.3 给出了营地建设与维护检查项目与内容。

——停车场应设置在距离居住区 20m 以外,租用地方整体建筑物作为营地的地震队,停车场与营地的安全距离可适当放宽。

——停车场进、出口应保持畅通,视线良好,夜间应有充足的照明。

——停车场内应按车型划分停车区,车辆对号停放,各车之间应保持 1m 以上的安全距离。

——停车场四周应设禁行围栏,并设置醒目的安全警示标志。

——停车场应平整、清洁,无易燃、易爆物品存放。

——停车场应配备消防器材,容纳 15 台车以上的停车场应配备不少于 8 具 8kg 的 ABC 干粉灭火器和两具 20kg 以上的手推式干粉灭火器。

——停车场周围 20m 以内不应动火。

(四)典型"三违"行为

(1)无证驾驶、无证押运。

(2)驾驶车型与准驾车型不符。

(3)危货车辆未携带危货运输相关证件。

(4)车辆消防器材配备不满足要求。

(5)民爆物品运输车和油料运输车未安装导静电接地装置。

（6）未使用集装箱运输民爆物品。

（7）未使用专用油罐车运输油料。

（8）未按指定路线和车距行驶。

（9）车辆未按要求装载货物、运送人员。

（10）车辆搭乘无关人员。

（11）未按规定同车运输炸药、雷管。

（12）民爆物品运输车在居民点、闹市区、名胜古迹、风景游览区、重要建筑设施等附近停留。

（13）停车场视线不好,盲区较多,照明不足。

（14）停车场消防器材配备不足,未按规定进行检查维护。

(五)典型案例

违规行车造成一死三伤。

1. 简要经过

2008年11月9日0时33分,某物探队仪器车驾驶员私自驾驶小队庆铃皮卡车,从隆德县向固原方向行驶,与同向行驶的地方中型普通货车发生追尾事故,造成仪器驾驶员当场死亡、副驾驶重伤,后座2人轻伤,车辆受损,对方人员无伤亡。

2. 主要原因

（1）超速行驶。

（2）仪器车驾驶员私自动用物探队车辆,违反队规队纪。

（3）车辆搭乘无关人员。

（4）夜间行车没有经过审批。

（5）小队旅程管理制度未落实,收工没有收车辆钥匙。

3. 事故教训

（1）违章是事故的根源。

（2）旅程管理制度未落实。

（3）队伍管理存在漏洞,监管不严。

4. 事件启示

（1）良好的队伍建设和管理是安全的保证。

（2）做好车辆旅程管理工作是保证交通安全的基石。

(六)思考题

(1)民爆物品运输的风险点源有哪些?如何监督?

(2)车辆 GPS 监控的监督重点有哪些?

(3)外租车辆的管理重点有哪些?如何监督?

五、设备维修的安全监督

设备维修是对物探生产设备进行维护保养和维修的作业,存在着机械伤害、物体打击、触电、职业伤害、火灾、环境污染等风险。

(一)监督内容

(1)岗位 HSE 培训和岗位技术培训情况,本岗位 HSE 技能掌握情况,持证上岗情况。

(2)安全职责和属地职责的履行情况。

(3)班前会执行情况。

(3)职业病防护、劳动防护用品的配备和使用情况。

(5)安全活动和安全检查的实施情况。

(6)属地内设备设施完整有效性。

(7)应急演练、应急处置、应急物资配备。

(二)主要监督依据

Q/SY 1124.1—2012《石油企业现场安全检查规范 第1部分:物探地震作业》;

Q/SY 1367—2011《通用工器具安全管理规范》;

Q/SY 1368—2011《电动气动工具安全管理规范》;

Q/SY BGP·G0202—2017《陆上物探队健康、安全、环境管理规范》;

Q/SY BGP·G0216—2017《职业健康管理规定》。

(三)监督控制要点

(1)物探队设备维修场所平面布置、基础设施配置;

> 监督依据标准:Q/SY 1124.1—2012《石油企业现场安全检查规范 第1部分:物探地震作业》。
> 4.2.2 班组安全检查或互检要点
> 作业现场与设备安全检查主要内容见表 A.3。
> ——修理场地应设置"禁烟、禁火、防砸、安全帽"安全标志。

——修理地沟牢固、可靠,地沟闲置时要有护栏或盖板防护。

——设备、工具应摆放合理、整洁,工作后应及时清理,材料堆放整齐,不应影响通道。

——焊接、切割作业应设置单独的隔离区。

——照明工作灯应使用安全电压,并安装护网装置。

——砂轮机应装有防护罩、托板。

——氧气瓶、乙炔瓶分开存放,不应卧放;防护帽、防撞胶圈齐全完好;气导管无裂痕,接头使用专用卡子,不应碾压。

——拆卸轮胎、拆卸桥时,应使用稳定、牢固的车辆修理支撑架。

——配备不少于四具5kg的ABC干粉灭火器和一具20kg以上的手推式干粉灭火器。

（2）物探队修线房平面布置、基础设施配置。

监督依据标准:Q/SY BGP·G0202—2017《陆上物探队健康、安全、环境管理规范》,Q/SY BGP·G0216—2017《职业健康管理规定》。

Q/SY BGP·G0202—2017《陆上物探队健康、安全、环境管理规范》:

6.10　修线间

6.10.1　地面整洁,物品定置摆放,抽排烟尘和通风设施良好。

6.10.2　工作时应佩戴护目镜。

Q/SY BGP·G0216—2017《职业健康管理规定》:

6.1.10　车间内生产工艺设备布局应重点考虑达到防尘、防毒、防暑、防寒、防噪声、防振动、防电离辐射、防非电离辐射等要求。

（3）开工前检查设备维修及修线人员相关资质,并关注其能力评估情况。

监督依据标准:Q/SY 1124.1—2012《石油企业现场安全检查规范　第1部分:物探地震作业》。

表C.1组织结构与资源检查表项目与内容:

3.员工培训与能力评价

地震队应组织开展全员岗前能力评价,能力评价应包括理论和实际操作考核,不合格者不应上岗作业。在员工岗位能力评价中,对关键作业要求和关键操作考核一项不合格不应通过。

（4）检查修线房职业健康监测的符合情况。

> 监督依据标准：Q/SY 1124.1—2012《石油企业现场安全检查规范 第1部分：物探地震作业》。
>
> 表 D.1 监测与纠正检查表：
> 1. 应对职业危害场所进行监测。

（5）设备维修及修线人员职业危害、劳动防护用品穿戴和使用情况。

> 监督依据标准：Q/SY 1124.1—2012《石油企业现场安全检查规范 第1部分：物探地震作业》，Q/SY BGP·G0216—2017《职业健康管理规定》。
>
> Q/SY 1124.1—2012《石油企业现场安全检查规范 第1部分：物探地震作业》：
>
> 4.1.2.35 修理工
>
> ——按规定穿戴劳动防护用品。
>
> Q/SY BGP·G0216—2017《职业健康管理规定》：
>
> 7.2 个人劳动防护用品管理
>
> 7.2.1 工作场所存在高毒物品目录中的确定人类致癌物质，当浓度达到其1/2职业接触限值（PC—TWA 或 MAC）时，员工所在单位应为员工配备相应的劳动防护用品，并指导员工正确佩戴和使用。

（6）班前会召开情况。

（7）作业前检查通用工器具和电动、气动工器具的完好情况。

> 监督依据标准：Q/SY 1124.1—2012《石油企业现场安全检查规范 第1部分：物探地震作业》。
>
> 4.1.2.35 修理工
>
> ——作业前，对维修设备及工具的完好性进行检查。

（8）设备维修及修线施工现场应符合以下要求：

① 隔离和安全距离。

② 消防要求。

③ 用电安全。

④ 防机械伤害、物体打击。

⑤ 作业许可管理。

⑥ 修场地应设置"禁烟、禁火、防砸、安全帽"安全标志。

⑦ 野外维修要求。

> 监督依据标准：Q/SY 1124.1—2012《石油企业现场安全检查规范 第1部分：物探地震作业》，Q/SY 1368—2011《电动气动工具安全管理规范》。
>
> Q/SY 1124.1—2012《石油企业现场安全检查规范 第1部分：物探地震作业》：
>
> 表 A.3 给出了营地建设与维护检查项目与内容。
>
> ——修理车辆、维修用电的修理设备应执行上锁挂签制度。
>
> ——不准在未停机情况下修理钻机，不准半倒井架在平台上维修钻机，不准使用井架吊装，不准在钻井运转时拆卸管路。
>
> ——不准用汽油擦洗设备和零部件。
>
> Q/SY 1368—2011《电动气动工具安全管理规范》：
>
> 5.1.1 电动气动工具的管理、使用和维修人员应进行有关的安全教育和培训，并经考核合格。
>
> 5.1.7 电动气动工具应在每次使用前进行检查；专业人员按检定周期定期进行检查，并做好检查记录，粘贴合格或不合格标签。
>
> 5.1.9 电动气动工具应由专人管理，并建立检修维护的技术档案。
>
> 5.2.1 操作人员应正确穿戴个人劳动防护用品。
>
> 5.2.2 在作业可能产生火花时，操作者应穿戴阻燃防护服。
>
> 5.2.3 在使用电动气动工具时操作者应佩戴护目镜和听力、面部、呼吸防护用品。
>
> 5.2.4 在作业区域内存在粉尘、噪声时，应采取通风除尘、降噪声或个体防护措施。
>
> 5.2.6 对使用电动气动工具可能产生飞溅、冲击、触电等危害的区域应进行隔离防护，如设防护板、围栏或防护屏等。

（四）典型"三违"行为

（1）电工、电焊工、气焊工无证上岗。

（2）地沟没有防护栏；闲置时，没有盖板防护。

（3）修理场所未使用安全电压照明。

（4）设备维修不执行上锁挂签制度。

（5）修理场所内吸烟或违规动火。

（6）未配备满足要求的消防设施。

（7）焊接、切割作业不设置单独的隔离区。

（8）氧气瓶、乙炔瓶没有分开存放，防护帽、回火阀、防撞胶圈不全。

（9）使用外接电源的交流电动工具不安装漏电保护器等保护装置，电焊机不接地。

（10）砂轮机没有防护罩、托板，或在砂轮的侧面磨削物料。

（11）拆卸轮胎、拆卸桥时，未使用支撑架；千斤顶使用时超过最大承载量。

（12）用汽油擦洗设备和零部件。

（13）操作链条葫芦时下方站人。

（14）使用电动气动工具时，操作者不佩戴护目镜和听力、面部、呼吸防护用品。

（15）电动气动工具长时间空载运转。

（16）更换电动气动工具部件时不关闭电源、气源。

（17）拆卸气动工具前没有完全释放管路余压。

（18）废油、废液未按要求清理。

（19）非维修人员操作工器具。

（20）工作现场未实施定置管理。

（21）人员离开时，没有关闭电源。

（五）典型案例

违章检修作业险酿成安全事故。

1. 简要经过

2013年7月10日，某单位修理工用千斤将待修卡车后部支起，未安置保险凳就钻到车下进行检修。突然千斤顶歪倒，车辆两侧后轮着地，幸亏周某反应快，及时躺在地面上，未对周某造成伤害。

2. 主要原因

（1）千斤顶安放不牢固。

（2）没有安置保险凳。

3. 事故教训

员工安全意识差，冒险作业；未安置保险凳的情况下钻到车下检修。

4. 事件启示

做事一定要按照操作规程操作，打千斤顶，一定要使用保险凳，不要有侥幸心理。

（六）思考题

（1）设备维修场所风险点源有哪些？如何监督？

（2）野外临时维修的监督重点有哪些？

（3）电动工具在使用前应由操作者进行检查，检查内容包括哪几方面？

六、营地管理的安全监督

物探队营地管理主要涉及营地建设和食堂、医务室、宿舍、卫生间等场所的日常管理,存在火灾、触电、食物中毒、一氧化碳中毒等风险。

(一)营地建设

1. 监督内容

(1)物探队营地选址及平面布局情况。

(2)所涉及岗位 HSE 培训和岗位技术培训情况,岗位 HSE 技能掌握情况,持证上岗情况。

(3)安全职责和属地职责的履行情况。

(4)班前会执行情况。

(5)劳动防护用品的配备和使用情况。

(6)安全活动和安全检查的实施情况。

(7)属地内设备设施完整有效性。

(8)应急演练、应急处置、应急物资配备。

2. 主要监督依据

AQ 2012—2007《石油天然气安全规程》;

Q/SY 1124.1—2012《石油企业现场安全检查规范 第 1 部分:物探地震作业》;

Q/SY 1307—2010《野外施工营地卫生和饮食卫生规范》;

Q/SY BGP·G0224—2015《用电安全管理规定》;

Q/SY BGP·G0202—2017《陆上物探队健康、安全、环境管理规范》。

3. 监督控制要点

(1)物探队营地选址符合相关要求。

> 监督依据标准:AQ 2012—2007《石油天然气安全规程》,Q/SY 1307—2010《野外施工营地卫生和饮食卫生规范》。
>
> AQ 2012—2007《石油天然气安全规程》:
> 5.1.2.1 营地设置原则,应符合下列要求:
> ——营区内外整洁、美观、卫生,规划布局合理;
> ——地势开阔、平坦,考虑洪水、泥石流、滑坡、雷击等自然灾害的影响;
> ——交通便利,易于车辆进出;

——远离噪声、剧毒物、易燃易爆场所和当地疫源地；

——考虑临时民爆器材库、临时加油点、发配电站设置的安全与便利；

——尽量减少营地面积；

——远离野生动物栖息、活动区。

Q/SY 1307—2010《野外施工营地卫生和饮食卫生规范》：

3.1.1 营地设置应符合下列要求：

f）远离野生动物栖息、活动区。如不可避免地在蛇、鼠密度较大区域选择营地，营房应架空 50cm 以上。

（2）物探队营地平面布局符合相关要求。

监督依据标准：AQ 2012—2007《石油天然气安全规程》，Q/SY 1307—2010《野外施工营地卫生和饮食卫生规范》。

AQ 2012—2007《石油天然气安全规程》：

5.1.2.2 营地布设，应符合下列要求：

——营房车、帐篷摆放整齐、合理，间距不小于 3m，营房车拖钩向外；

——发配电站设在距离居住区 50m 以外；

——设置专门的临时停车场，并设置安全标志；

——临时加油点设在距离居住地 100m 以外；

——营区设置标志旗(灯)，设有"紧急集合点"，设置应急报警装置。

Q/SY 1307—2010《野外施工营地卫生和饮食卫生规范》：

3.1.2 营地布局应符合下列要求：

a）从上风侧起，营地布局依次为厨房、宿舍、卫生间与垃圾点，其中室外露天厕所、垃圾点与厨房、宿舍间距不低于 30m。

c）发配电站或发电机房设在距离居住区 50m 以外。

d）营地周围建有通畅的雨水排水设施，营地内不存有积水。

4.1.2 营地应设置风向标、应急报警装置、应急灯，规划出应急撤离通道、"紧急集合点"，并定期组织紧急情况应急撤离演练。

（3）开工前检查作业人员相关资质。

（4）物探队营地建设施工作业人员劳动防护用品穿戴和使用情况。

（5）班前会召开情况。

（6）物探队营地建设期间施工现场作业许可制度执行情况。

（7）物探队营地用电符合安全要求。

> 监督依据标准：Q/SY 1124.1—2012《石油企业现场安全检查规范 第1部分：物探地震作业》，Q/SY BGP·G0224—2015《用电安全管理规定》，AQ 2012—2007《石油天然气安全规程》。
>
> Q/SY 1124.1—2012《石油企业现场安全检查规范 第1部分：物探地震作业》：
> 表A.4 用电设施设置与运行检查表。
> 4. 配电系统
> 实行分级配电，动力配电箱与照明配电箱宜分别设置，如合置在同一配电箱内，动力和照明线路应分路设置。
> 总配电箱应设在靠近电源的地区，分配电箱应装设在用电设备或负荷相对集中的地区。分配电箱与开关箱的距离不应超过30m。开关箱与其控制的固定式用电设备的水平距离不宜超过3m。
>
> Q/SY BGP·G0224—2015《用电安全管理规定》：
> 8.1.1 配电系统宜设配电柜或总配电箱、分配电箱、开关箱，实行三级配电。一、二级配电箱应上锁。
>
> AQ 2012—2007《石油天然气安全规程》：
> 5.1.2.3.1 用电安全，应符合下列要求：
> ——电气线路应有过载、短路、漏电保护装置；
> ——各种开关、插头及配电装置应符合绝缘要求，无破损、裸露和老化等隐患；
> ——所有营房车及用电设备应有接地装置，且接地电阻应小于4Ω；
> ——不应在营房、帐篷内私接各种临时用电线路。

（8）物探队营地消防管理符合相关要求。

> 监督依据标准：Q/SY 1124.1—2012《石油企业现场安全检查规范 第1部分：物探地震作业》，AQ 2012—2007《石油天然气安全规程》。
>
> Q/SY 1124.1—2012《石油企业现场安全检查规范 第1部分：物探地震作业》：
> 表A.3 给出了营地建设与维护检查项目与内容：
> ——营房车、帐篷摆放整齐、合理，间距不小于3m，营房车拖钩向外。
> ——营地应设吸烟区；帐篷内不应吸烟；在宿舍内（建筑物、营房车）吸烟的，应配置烟灰缸，不准躺在床上吸烟。
> ——营房车和帐篷内使用电加热设备应有人看管，离开时应关闭电源。

——不准在住宿用的营房车和帐篷内使用电炉或油炉取暖、做饭。
——不准私拉乱接用电线路。
——紧急集合点应根据队伍的实际情况配备消防器材。

表 A.7 给出了消防管理与消防技能检查项目与内容：
——营地建立了义务消防队。
——义务消防队成员掌握消防设施使用方法和灭火应急处置预案。
——消防器材存放地点方便拿取。
——实行挂牌管理，定期检查。
——灭火器配置应与配置场所可能发生的火灾类型相匹配。铭牌完好。
瓶体无变形、锈蚀现象。各部件紧固、完好，铅封完好。胶管紧固，无龟裂。
压力表完好、压力正常。潮湿环境，灭火器应有与地面的隔离措施。
——员工应掌握属地内消防设施的日常检查方法。
——员工均应掌握灭火器、灭火毯的正确使用方法。
——员工均应掌握属地内初期火灾应急处置方法。

AQ 2012—2007《石油天然气安全规程》：
5.1.2.1 营地设置原则，应符合下列要求：
——各种场所配置合格、足够的消防器材。

（9）检查物探队营地日常管理符合以下要求：
——营区进出管理制度落实情况；
——安保防恐满足地方政府要求；
——冬季煤火取暖预防 CO 中毒措施落实情况；
——请销假制度落实情况。

监督依据标准：Q/SY BGP·G0202—2017《陆上物探队健康、安全、环境管理规范》。
6.2.3 使用煤炉的所有房间必须安装风斗，确保空气流通；使用煤炉的所有房间应配备一氧化碳浓度报警器，并有专人负责夜间添煤和巡查；确保烟道畅通，烟筒要定期清扫。

（10）物探队营地卫生符合要求。

监督依据标准：AQ 2012—2007《石油天然气安全规程》，Q/SY 1307—2010《野外施工营地卫生和饮食卫生规范》。

> AQ 2012—2007《石油天然气安全规程》：
>
> 5.1.2.3.4 营地卫生，应符合下列要求：
>
> ——定期对营区清扫、洒水，清除垃圾；
>
> ——做好消毒及灭鼠、灭蚊蝇工作；
>
> ——营区应设有公共厕所，并保持卫生。
>
> Q/SY 1307—2010《野外施工营地卫生和饮食卫生规范》：
>
> 3.1.2 营地布局应符合下列要求：
>
> b）具有处理垃圾的相应措施，各宿舍均应设置垃圾桶，营房区设置垃圾贮存容器。
>
> 3.1.3 宿舍应符合下列卫生要求：
>
> a）室内日照时数应符合 GB 50180。
>
> b）室温在夏季不高于28℃，冬季采暖温度不低于16℃。
>
> c）室内保证通风，每日通风不低于 30min。
>
> d）噪声强度应低于 55dB（A 声级）。

（11）物探队营地内厕所建设及管理符合以下要求：

——厕所选址合理，距离食堂、宿舍、水源符合要求；

——厕所卫生专人管理；

——指定专人定期清洁、消毒；

——夏天有防蚊蝇滋生措施。

> 监督依据标准：Q/SY 1124.1—2012《石油企业现场安全检查规范 第1部分：物探地震作业》。
>
> 营地建设与维护检查表现场作业安全检查主要内容见表 A.3。
>
> ——厕所应设置在距居住区 30m 以外的地方，并远离食堂。
>
> ——厕所与水源保持 30m 以上距离。
>
> ——厕所应通风良好，安装照明设施。
>
> ——粪坑应进行封盖。
>
> ——厕所应指定专人定期清洁、消毒。

4. 典型"三违"行为

（1）宿舍内电气线路没有过载、短路、漏电保护装置。

（2）在宿舍、帐篷内私接各种临时用电线路。

（3）在住宿用的营房车和帐篷内使用电炉或油炉取暖、做饭。

（4）营房车和帐篷内使用电加热设备无人看管，离开时不关闭电源。

（5）帐篷内吸烟、躺在床上吸烟。

（6）营地未按要求配备消防器材。

（7）逃生通道不畅通，指示牌标识不清楚。

（8）宿舍煤火取暖，未安装一氧化碳报警器；没有安排专人负责夜间定时检查。

（9）宿舍内存有工器具、易燃易爆物品。

（10）宿舍超人员上限住宿。

（11）厕所没有照明设施。

（12）粪坑没有进行封盖。

（13）厕所没有定期清洁、消毒。

5. 典型案例

哈尔滨天鹅饭店火灾。

1）简要经过

1985年4月18日深夜，哈尔滨天鹅饭店11楼发生火灾。大火波及21间客房，其中6间全部烧毁。在大火中有10人丧生，其中有外国客人6人，重伤7人，其中有外宾4人，直接经济损失约250000元。经查，当日晚上，美国工程师安德里克曾去哈尔滨炼油厂赴宴，喝了许多酒。回到饭店后，就穿衣躺在床上抽烟，入睡时，烟头掉落在床上，引燃床上被褥。

2）主要原因

（1）顾客酒后卧床吸烟。

（2）顾客安全意识差，没有经过防火和应急疏散培训。

3）事故教训

宿舍不得卧床吸烟。

4）事件启示

应进行全民防火教育和应急疏散的演练，提高国民防火意识。

6. 思考题

(1) 物探队营地风险点源有哪些？如何监督？

(2) 物探队营地冬季煤火取暖预防CO中毒措施有哪些？

（二）营地食堂

1. 监督内容

（1）营地食堂选址及平面布局情况。

（2）岗位 HSE 培训和岗位技术培训情况,本岗位 HSE 技能掌握情况,持证上岗情况。

（3）安全职责和属地职责的履行情况。

（4）班前会执行情况。

（5）劳动防护用品的配备和使用情况。

（6）安全活动和安全检查的实施情况。

（7）属地内设备设施完整有效性。

（8）应急演练、应急处置、应急物资配备。

2. 主要监督依据

Q/SY 1124.1—2012《石油企业现场安全检查规范 第 1 部分:物探地震作业》；

Q/SY 1307—2010《野外施工营地卫生和饮食卫生规范》；

Q/SY BGP·G0214—2013《餐饮经营单位卫生管理规定》。

3. 监督控制要点

（1）物探队营地食堂选址符合要求。

> 监督依据标准:Q/SY 1307—2010《野外施工营地卫生和饮食卫生规范》:
>
> 3.1.2 营地布局应符合下列要求:
>
> a）从上风侧起,营地布局依次为厨房、宿舍、卫生间与垃圾点,其中室外露天厕所、垃圾点与厨房、宿舍间距不低于 30m。
>
> 3.2.1 厨房设置应符合下列卫生要求,包括但不限于:
>
> a）厨房应位于向阳、干燥区域。应与有毒、有害场所保持 30m 以上的距离,且处于有毒、有害场所的上风向。

（2）物探队食堂平面布局符合要求。

> 监督依据标准:Q/SY 1307—2010《野外施工营地卫生和饮食卫生规范》:
>
> 3.2.1 厨房设置应符合下列卫生要求,包括但不限于:
>
> b）食品加工应有与产品品种、数量相适应的食品原料处理、加工、贮存等场所,最低应设有食品储存库、加工间、餐厅。
>
> c）加工间和餐厅地面、墙壁、顶棚应由防水材料构成,便于清洗。

（3）物探队食堂基础设施配置符合要求。

> 监督依据标准:Q/SY 1307—2010《野外施工营地卫生和饮食卫生规范》。
>
> 3.2.2 厨房设施配备应符合下列卫生要求,包括但不限于:

a）加工间应配有相应的消毒、盥洗、采光、照明、通排风(烟)、防腐、防尘、防蝇、防鼠、洗涤、污水排放、存放处理垃圾和废弃物的设施。

b）库房应通风良好,配备足够的货架,并离地、离墙20cm以上,配备物理防鼠器具。

c）配备2台以上冰柜(箱),以分别存放生、熟食品,每日记录温度。

d）配备炊具、用具的消毒设备(红外线、臭氧、热力蒸汽消毒柜)。

e）配置足够的清洗、消毒大型容器。

f）配备足够的餐具柜,具备防蝇、防尘功能,并明确标识已消毒或未消毒。

g）远离生活区的,必要时可配备冷藏房,用以储备蔬菜。

（4）物探队营地食堂水源选择及饮水卫生管理符合要求,防投毒措施落实情况。

监督依据标准：Q/SY 1307—2010《野外施工营地卫生和饮食卫生规范》：

3.3 水源选择

水源选择应符合下列要求：

a）如使用自来水,水质标准应符合 GB 5749 中"水质常规指标及限值"的要求。

b）使用其他水源,水质标准应符合 GB 5749 中"农村小型集中式供水和分散式供水部分水质指标及限值"的要求。

4.3 饮水卫生管理

4.3.1 建立水质污染事故应急预案,采取切实可行的措施,做好供水设施和设备经常性维护。

4.3.2 直接从事供、管水的人员必须取得体检合格证,经卫生知识培训后方可上岗工作,并每年进行一次健康检查。

凡患有痢疾、伤寒、病毒性肝炎、活动性肺结核、化脓性或渗出性皮肤病及其他有碍饮用水卫生的疾病的和病原携带者,不得直接从事供、管水工作。

4.3.3 定期采样检测,随时掌握水源各项卫生指标,并登记备案。

4.3.4 各类贮水设施的配备和使用要符合卫生标准和卫生要求,运水罐车、贮水罐配备要适应供水量的要求,冬、春、秋季每3个月清洗、消毒一次,夏季1个月清洗、消毒一次。

4.3.5 生活饮用水要保证消毒,可采用含氯制剂(漂白粉、漂白粉精片等)进行消毒,水质含游离性余氯不低于 0.05mg/L。

4.3.6 天然水源生活饮用水必须经过沉淀、过滤、消毒、煮沸方可饮用。

（5）开工前检查炊事人员相关证件。

> 监督依据标准：Q/SY 1124.1—2012《石油企业现场安全检查规范 第1部分：物探地震作业》。
>
> 4.1.2.43
> ——炊管人员持有效健康证上岗，正确穿戴工作服。

（6）人员劳动防护用品穿戴和使用情况。
（7）班前会召开情况。
（8）物探队食堂消防管理符合相关要求。

> 监督依据标准：Q/SY 1124.1—2012《石油企业现场安全检查规范 第1部分：物探地震作业》，Q/SY BGP·G0214—2013《餐饮经营单位卫生管理规定》。
>
> Q/SY 1124.1—2012《石油企业现场安全检查规范 第1部分：物探地震作业》：
> 表 A.3 给出了营地建设与维护检查项目和内容。
> ——使用的燃油灶油路管线无渗漏，炒菜间应配灭火毯。
>
> Q/SY BGP·G0214—2013《餐饮经营单位卫生管理规定》：
> 4.1.3 应同时符合规划、环保和消防的有关要求。

（9）物探队食品卫生管理符合要求。

> 监督依据标准：Q/SY 1307—2010《野外施工营地卫生和饮食卫生规范》，Q/SY 1124.1—2012《石油企业现场安全检查规范 第1部分：物探地震作业》。
>
> Q/SY 1307—2010《野外施工营地卫生和饮食卫生规范》：
> 4.2 食品卫生管理
> 4.2.1 食品应无毒、无害，符合应有的营养要求，对人体健康不造成任何急性、亚急性或者慢性危害，具有相应的色、香、味等感官性状。
> 4.2.2 员工食堂应取得卫生行政部门发放的卫生许可证，并建立保证食品安全的规章制度。
> 4.2.3 食品加工人员每年应进行健康检查，持健康证上岗。凡患有痢疾、伤寒、病毒性肝炎等消化道传染病（包括病原携带者）、活动性肺结核、化脓性或者渗出性皮肤病以及其他有碍食品卫生的疾病的，不得从事食品管理或食品加工工作。
> 4.2.4 食品加工过程必须符合下列卫生要求，包括但不限于：

a)保持内外环境整洁,采取消除苍蝇、老鼠、蟑螂和其他有害昆虫及其滋生条件的措施,与有毒、有害场所以及其他污染源保持规定的距离。

b)具有与加工的食品品种、数量相适应的生产经营设备或者设施,有相应的消毒、更衣、盥洗、采光、照明、通风、防腐、防尘、防蝇、防鼠、防虫、洗涤以及处理废水、存放垃圾和废弃物的设备或者设施。

c)食品加工工艺流程应合理,防止待加工食品与直接入口食品、原料与成品交叉污染,避免食品接触有毒物、不洁物。

d)餐具、饮具和盛放直接入口食品的容器按 GB 14934—1994 中第 3 章、第 4 章、第 5 章规定的要求消毒。传染病患者饮食用具消毒应符合 GB 19193—2003 中 5.1.7.2 的要求,单独存放并加以标识。

e)贮存、运输和装卸食品的容器包装、工具、设备和条件必须安全、无害,保持清洁,防止食品污染。

f)食品加工人员应经常保持个人卫生,加工食品时,必须将手洗净。穿戴清洁的工作衣、帽。

g)不得在储存间加工食品。

h)用水应符合国家规定的生活饮用水卫生标准。

使用的洗涤剂、消毒剂应对人体安全、无害。

Q/SY 1124.1—2012《石油企业现场安全检查规范 第 1 部分:物探地震作业》:

表 A.3 给出了营地建设与维护检查项目和内容:

——采购的肉类有检疫证明。

——厨房、储藏间、餐厅应保持整洁卫生、通风良好,并采取防蝇、防鼠、防虫措施。操作间地面清洁、防滑。

——食堂内不应堆放杂物,不应存放腐烂、变质食物,采购的食品及原材料应标明有效期。

——各种炊具、用具、容器、冰箱等应保持清洁卫生,公用餐具应消毒,冰柜应定期清理。

——洗手、洗菜、洗肉盆具应分开使用。

——应坚持"四分开"(生、熟分开,鱼、肉类分开,调料与主副食分开,消杀剂与食品分开)制度。

——每餐食品要留样冷藏,保存 48 小时。

——炊事员穿戴工作服、工作帽,不留长指甲,接触直接入口食品的应戴口罩、手套。

——不应在厨房内洗衣服、吸烟,无关人员不应随意进入厨房、存储室。

——剩余饭、菜应盖好或冷藏存放,使用前应做加温消毒处理。

(10)物探队食品采购管理符合要求。

监督依据标准:Q/SY 1307—2010《野外施工营地卫生和饮食卫生规范》。

4.2.5 食品采购卫生管理:

a)应建立主、副食采购台账,注明主副食种类、采购来源、采购时间、采购人、保质期限等内容。

b)采购主、副食产品需索要发票。

c)采购熟食品应索要卫生许可证。

d)不得采购、加工如下食品:

1)用非食品原料生产食品或者在食品中添加食品添加剂以外的化学物质和其他可能危害人体健康的物质,或者用回收食品作为原料生产食品;

2)致病性微生物、农药残留、兽药残留、重金属、污染物质以及其他危害人体健康的物质含量超过食品安全标准限量的食品;

3)腐败变质、油脂酸败、霉变生虫、污秽不洁、混有异物、掺假掺杂或者感官性状异常的食品;

4)病死、毒死或者死因不明的禽、畜、兽、水产动物肉类,或者病死、毒死或者死因不明的禽、畜、兽、水产动物肉类的制品;

5)未经动物卫生监督机构检疫或者检疫不合格的肉类,或者未经检验或者检验不合格的肉类制品;

6)超过保质期的食品;

7)国家为防病等特殊需要明令禁止生产经营的食品;

8)食品添加剂新品种、食品相关产品新品种未经过安全性评估;

9)有关主管部门责令召回或者明令停止经营的不符合食品安全标准的食品。

4. 典型"三违"行为

(1)炊管人员没有有效健康证。

(2)库房食品原料与其他物品混合存放,没有采取防鼠措施。

(3)食品加工人员个人卫生状况不符合要求。

(4)未严格执行"四分开"制度。

(5)未严格执行每餐食品留样制度。

(6)食品采购台账不规范。

5. 典型案例

责任心不强,脱岗酿火灾。

1)简要经过

2007年3月28日下午,某物探队食堂值班炊事员王某、李某在2号炊事营房车内用柴油灶炖肉,两人点火后认为一切正常后便离开回宿舍了。过了一段时间,后勤其他人员发现2号炊事营房车排气窗冒浓烟,立即高呼大喊"失火了"。队上立即启动消防应急预案,用手机向当地消防大队报火警"119",同时临时营地在家人员全部投入灭火,经过大约15min的时间将火扑灭。事故造成部分炊具和厨房电器损坏。

2)主要原因

(1)值班炊事员工作期间擅自脱岗。

(2)排风扇油污清理不及时。

3)事故教训

工作时应明确责任,严禁擅自离开工作现场。

4)事件启示

工作期间严禁脱岗、睡岗、酒后上岗。

6. 思考题

(1)物探队食堂的风险点源有哪些?如何监督?

(2)食品采购应注意哪些方面,有何要求?

(三)医务室

1. 监督内容

(1)营地医务室基础设施配置情况。

(2)岗位HSE培训及岗位技能掌握情况,持证上岗情况。

(3)安全职责和属地职责的履行情况。

(4)劳动防护用品的配备和使用情况。

(5)安全活动和安全检查的实施情况。

(6)属地内设备设施完整有效性。

(7)应急演练、应急处置、应急物资配备。

2. 主要监督依据

《海洋石油安全管理细则》(安监总局令第 25 号,2015 年);

Q/SY 1124.1—2012《石油企业现场安全检查规范 第 1 部分:物探地震作业》。

3. 监督控制要点

(1)物探队营地医务室基础设施配置情况。

> 监督依据标准:《海洋石油安全管理细则》(安监总局令第 25 号,2015 年)。
> 第三十条 医务室应当符合下列规定:
> (二)按照国家有关规定配备常用药品、急救药品和氧气、医疗器械、病床等。

(2)开工前检查医务人员相关证件。

> 监督依据标准:Q/SY 1124.1—2012《石油企业现场安全检查规范 第 1 部分:物探地震作业》。
> 营地建设与维护检查表现场作业安全检查主要内容见表 A.3。
> ——医生应有三年以上的临床经验和医师执业资格证、注册证。

(3)医务人员劳动防护用品穿戴和使用情况。

> 监督依据标准:Q/SY 1124.1—2012《石油企业现场安全检查规范 第 1 部分:物探地震作业》。
> 营地建设与维护检查表现场作业安全检查主要内容见表 A.3。
> ——医务人员应规范穿戴工作服,工作服应保持干净整洁。

(4)医务人员职责履行情况。

> 监督依据标准:Q/SY 1124.1—2012《石油企业现场安全检查规范 第 1 部分:物探地震作业》。
> 营地建设与维护检查表现场作业安全检查主要内容见表 A.3。
> ——医生应执行巡回医疗制度,并做好记录。
> ——医疗室内应干净整洁,无杂物存放。
> ——医疗器材和药品应摆放整齐,标志明显、不失效、不过期,有药品有效期登记表。
> ——医疗器械应定期进行消毒,应使用一次性注射器。
> ——对就医者的医疗情况应做好诊断、医疗记录。

——医务人员应规范穿戴工作服,工作服应保持干净整洁。

——医疗垃圾处理应进行登记。

4.1.2.50 队医岗位安全职责履行情况检查应包括:

——持有效证件上岗;

——就医疗卫生保健和急救知识进行宣传、教育;

——保存并提供员工的健康体检档案;

——保存并提供医疗垃圾处理协议;

——保存并提供紧急医疗救助协议;

——负责药品有效期检查;

——按计划对营区、垃圾坑、宿舍、厨房、厕所进行检查,并消毒灭菌;

——建立医疗记录,提交医疗分析报告。

4. 典型"三违"行为

(1)医务人员无证上岗。

(2)医疗垃圾没有按规定回收送有资质单位处理。

(3)存在药品过期现象。

(4)医务室未配备急救箱。

(5)医务人员未按规定进行巡检。

(6)医务人员未按规定进行消毒灭菌。

5. 思考题

(1)物探队医疗垃圾如何处理?

(2)物探队队医的职责有哪些?如何更好发挥队医的作用?

七、材料库管理的安全监督

材料库是指物探队存放生产物资、生活物资、应急物资、工器具的场所,主要涉及火灾、砸伤、扭伤等风险。

(一)监督内容

(1)岗位 HSE 培训和岗位技术培训情况,本岗位 HSE 技能掌握情况。

(2)安全职责和属地职责的履行情况。

(3)劳动防护用品的配备和使用情况。

(4)安全活动和安全检查的实施情况。

(5)属地内设备设施完整有效性。

(6)应急演练、应急处置、应急物资配备。

(二)主要监督依据

《仓库防火安全管理规则》(公安部令第6号,1990年);

Q/SY 1124.1—2012《石油企业现场安全检查规范 第1部分:物探地震作业》。

(三)监督控制要点

(1)材料库管理人员培训及职责落实情况。

监督依据标准:《仓库防火安全管理规则》(公安部令第6号,1990年)、Q/SY 1124.1—2012《石油企业现场安全检查规范 第1部分:物探地震作业》。

《仓库防火安全管理规则》(公安部令第6号,1990年):

第六条 仓库应当确定一名主要领导人为防火负责人,全面负责仓库的消防安全管理工作。

第七条 仓库防火负责人负有下列职责:

一、组织学习贯彻消防法规,完成上级部署的消防工作;

二、组织制定电源、火源、易燃易爆物品的安全管理和值班巡逻等制度,落实逐级防火责任制和岗位防火责任制;

三、组织对职工进行消防宣传、业务培训和考核,提高职工的安全素质;

四、组织开展防火检查,消除火险隐患;

五、领导专职、义务消防队组织和专职、兼职消防人员,制定灭火应急方案,组织扑救火灾;

第十条 各类仓库都应当建立义务消防组织,定期进行业务培训,开展自防自救工作。

第十二条 仓库保管员应当熟悉储存物品的分类、性质、保管业务知识和防火安全制度,掌握消防器材的操作使用和维护保养方法,做好本岗位的防火工作。

第十三条 对仓库新职工应当进行仓储业务和消防知识的培训,经考试合格,方可上岗作业。

第十四条 仓库严格执行夜间值班、巡逻制度,带班人员应当认真检查,督促落实。

Q/SY 1124.1—2012《石油企业现场安全检查规范 第1部分:物探地震作业》:

4.1.2.46 材料员

材料员岗位安全职责履行情况检查应包括:

> ——落实属地管理职责;
> ——材料标识清晰,摆放合理;
> ——材料库房通道畅通;
> ——负责用电设备及线路的管理和日常检查,遇有问题应请专业电工进行处理;
> ——材料员现场安全检查内容应包括属地内设备设施、工器具与场所,采购的材料。

（2）材料库管理人员劳动防护用品的配备和使用情况。

（3）材料库物资储存管理。

> 监督依据标准:《仓库防火安全管理规则》（公安部令第6号,1990年）。
>
> 第十六条　露天存放物品应当分类、分堆、分组和分垛,并留出必要的防火间距。堆场的总储量以及与建筑物等之间的防火距离,必须符合建筑设计防火规范的规定。
>
> 第十七条　甲、乙类桶装液体,不宜露天存放,必须露天存放时,在炎热季节必须采取降温措施。
>
> 第十八条　库存物品应当分类、分垛储存,每垛占地面积不宜大于$100m^2$,垛与垛间距不小于1m,垛与墙间距不小于0.5m,垛与梁、柱的间距不小于0.3m,主要通道的宽度不小于2m。
>
> 第十九条　甲、乙类物品和一般物品以及容易相互发生化学反应或者灭火方法不同的物品,必须分间、分库储存,并在醒目处标明储存物品的名称、性质和灭火方法。
>
> 第二十条　易自燃或者遇水分解的物品,必须在温度较低、通风良好和空气干燥的场所储存,并安装专用仪器定时检测,严格控制湿度与温度。
>
> 第二十一条　物品入库前应当有专人负责检查,确定无火种等隐患后,方准入库。
>
> 第二十二条　甲、乙类物品的包装容器应当牢固、密封,发现破损、残缺、变形和物品变质、分解等情况时,应当及时进行安全处理,严防跑、冒、滴、漏。
>
> 第二十四条　库房内因物品防冻必须采暖时,应当采用水暖,其散热器、供暖管道与储存物品的距离不小于0.3m。
>
> 第二十五条　甲、乙类物品库房内不准设办公室、休息室。其他库房必需设办公室时,可以贴邻库房一角设置无孔洞的一、二级耐火等级的建筑,其门窗直通库外,具体实施应当征得当地公安消防监督机构的同意。
>
> 第二十六条　储存甲、乙、丙类物品的库房布局、储存类别不得擅自改变,如确需改变的,应当报经当地公安消防监督机构同意。

（4）材料库物资装卸管理。

> 监督依据标准：《仓库防火安全管理规则》（公安部令第6号，1990年）。
>
> 第二十七条　进入库区的所有机动车辆，必须安装防火罩。
>
> 第二十九条　汽车、拖拉机不准进入甲、乙、丙类物品库房。
>
> 第三十条　进入甲、乙类物品库房的电瓶车、铲车必须是防爆型的；进入丙类物品库房的电瓶车、铲车，必须装有防止火花溅出的安全装置。
>
> 第三十一条　各种机动车辆装卸物品后，不准在库区、库房、货场内停放和修理。
>
> 第三十三条　装卸甲、乙类物品时，操作人员不得穿戴易产生静电的工作服、帽和使用易产生火花的工具，严防震动、撞击、重压、摩擦和倒置。对易产生静电的装卸设备要采取消除静电的措施。
>
> 第三十五条　装卸作业结束后，应当对库区、库房进行检查，确认安全后，方可离人。

（5）材料库内部用电管理。

> 监督依据标准：《仓库防火安全管理规则》（公安部令第6号，1990年）。
>
> 第三十六条　仓库的电气装置必须符合国家现行的有关电气设计和施工安装验收标准规范的规定。
>
> 第三十七条　甲、乙类物品库房和丙类液体库房的电气装置，必须符合国家现行的有关爆炸危险场所的电气安全规定。
>
> 第三十八条　储存丙类固体物品的库房，不准使用碘钨灯和超过六十瓦以上的白炽灯等高温照明灯具。当使用日光灯等低温照明灯具和其他防燃型照明灯具时，应当对镇流器采取隔热、散热等防火保护措施，确保安全。
>
> 第三十九条　库房内不准设置移动式照明灯具。照明灯具下方不准堆放物品，其垂直下方与储存物品水平间距不得小于0.5m。
>
> 第四十条　库房内敷设的配电线路，需穿金属管或用非燃硬塑料管保护。
>
> 第四十一条　库区的每个库房应当在库房外单独安装开关箱，保管人员离库时，必须拉闸断电。禁止使用不合规格的保险装置。
>
> 第四十二条　库房内不准使用电炉、电烙铁、电熨斗等电热器具和电视机、电冰箱等家用电器。
>
> 第四十三条　仓库电器设备的周围和架空线路的下方严禁堆放物品。对提升、码垛等机械设备易产生火花的部位，要设置防护罩。

> 第四十四条 仓库必须按照国家有关防雷设计安装规范的规定,设置防雷装置,并定期检测,保证有效。
>
> 第四十五条 仓库的电器设备,必须由持合格证的电工进行安装、检查和维修保养。电工应当严格遵守各项电器操作规程。

（6）材料库消防管理。

> 监督依据标准:《仓库防火安全管理规则》(公安部令第6号,1990年)。
>
> 第四十六条 仓库应当设置醒目的防火标志。进入甲、乙类物品库区的人员,必须登记,并交出携带的火种。
>
> 第四十七条 库房内严禁使用明火。
>
> 第四十八条 库房内不准使用火炉取暖。
>
> 第五十条 库区以及周围50m内,严禁燃放烟花爆竹。
>
> 第五十一条 仓库应当按照国家有关消防技术规范,设置、配备消防设施和器材。
>
> 第五十二条 消防器材应当设置在明显和便于取用的地点,周围不准堆放物品和杂物。
>
> 第五十三条 仓库的消防设施、器材,应当由专人管理,负责检查、维修、保养、更换和添置,保证完好有效,严禁圈占、埋压和挪用。
>
> 第五十五条 对消防水池、消火栓、灭火器等消防设施、器材,应当经常进行检查,保持完整好用。地处寒区的仓库,寒冷季节要采取防冻措施。
>
> 第五十六条 库区的消防车道和仓库的安全出口、疏散楼梯等消防通道,严禁堆放物品。

（四）典型"三违"行为

（1）库房内吸烟。

（2）消防设施配备不满足要求。

（3）库房内物品摆放不满足要求。

（4）装卸重物不符合要求。

（5）库房内电气线路不规范,违规使用照明设备。

（五）思考题

材料库风险点源有哪些？如何监督？

八、废弃物管理的安全监督

废弃物是指物探队在生产、生活过程中产生的生产垃圾、生活垃圾、医疗垃圾等。废弃物若管理不当,会产生严重的环境影响和医疗污染事件。

(一)监督内容

(1)岗位 HSE 培训情况。
(2)安全职责和属地职责的履行情况。
(3)劳动防护用品的配备和使用情况。
(4)安全活动和安全检查的实施情况。
(5)属地内设备设施完整有效性。
(6)应急演练、应急处置、应急物资配备。

(二)主要监督依据

《中华人民共和国环境保护法》(主席令第 9 号,2014 年);
《中华人民共和国固体废物污染环境防治法》(主席令第 57 号,2016 年);
Q/SY 1307—2010《野外施工营地卫生和饮食卫生规范》。

(三)监督控制要点

(1)环境保护制度建立情况,废弃物回收处理措施制定情况。
(2)在营地院区、食堂、机修场所、宿舍分别设置垃圾桶,专人负责定期处置。
(3)施工现场产生的垃圾应带回营地垃圾堆放场,统一处理。
(4)废油废液、医疗垃圾等危险废弃物应交由有资质的机构处理,并签有回收处理协议。

监督依据标准:《中华人民共和国环境保护法》(主席令第 9 号,2014 年),《中华人民共和国固体废物污染环境防治法》(主席令第 57 号,2016 年),Q/SY1307—2010《野外施工营地卫生和饮食卫生规范》。

《中华人民共和国环境保护法》(主席令第 9 号,2014 年):

第三十八条 公民应当遵守环境保护法律法规,配合实施环境保护措施,按照规定对生活废弃物进行分类放置,减少日常生活对环境造成的损害。

第四十二条 排放污染物的企业事业单位和其他生产经营者,应当采取措施,防治在生产建设或者其他活动中产生的废气、废水、废渣、医疗废物、粉尘、恶臭气体、放射性物质以及噪声、振动、光辐射、电磁辐射等对环境的污染和危害。

排放污染物的企业事业单位,应当建立环境保护责任制度,明确单位负责人和相关人员的责任。

《中华人民共和国固体废物污染环境防治法》(主席令第57号,2016年):

第十六条 产生固体废物的单位和个人,应当采取措施,防止或者减少固体废物对环境的污染。

第十七条 收集、贮存、运输、利用、处置固体废物的单位和个人,必须采取防扬散、防流失、防渗漏或者其他防止污染环境的措施;不得擅自倾倒、堆放、丢弃、遗撒固体废物。

禁止任何单位或者个人向江河、湖泊、运河、渠道、水库及其最高水位线以下的滩地和岸坡等法律、法规规定禁止倾倒、堆放废弃物的地点倾倒、堆放固体废物。

第三十九条 县级以上地方人民政府环境卫生行政主管部门应当组织对城市生活垃圾进行清扫、收集、运输和处置,可以通过招标等方式选择具备条件的单位从事生活垃圾的清扫、收集、运输和处置。

第四十二条 对城市生活垃圾应当及时清运,逐步做到分类收集和运输,并积极开展合理利用和实施无害化处置。

第五十二条 对危险废物的容器和包装物以及收集、贮存、运输、处置危险废物的设施、场所,必须设置危险废物识别标志。

第五十五条 产生危险废物的单位,必须按照国家有关规定处置危险废物,不得擅自倾倒、堆放。

第五十八条 收集、贮存危险废物,必须按照危险废物特性分类进行。禁止混合收集、贮存、运输、处置性质不相容而未经安全性处置的危险废物。

贮存危险废物必须采取符合国家环境保护标准的防护措施,并不得超过一年;确需延长期限的,必须报经原批准经营许可证的环境保护行政主管部门批准;法律、行政法规另有规定的除外。

禁止将危险废物混入非危险废物中贮存。

Q/SY 1307—2010《野外施工营地卫生和饮食卫生规范》:

3.1.2 营地布局应符合下列要求:

b)具有处理垃圾的相应措施,各宿舍均应设置垃圾桶,营房区设置垃圾贮存容器。

(四)典型"三违"行为

(1)工地垃圾随地乱丢。

（2）废油废液、医疗垃圾等危险废物没有交由有资质的机构处理,没有留存记录。

（3）未在营地院区、食堂、机修场所、宿舍设置垃圾桶。

（五）思考题

废油废液、医疗垃圾等危险废物应该如何处理?

第五节　高风险作业的旁站监督

高风险作业是指高危作业、非常规作业、"四新"作业和高风险工序的首次作业。高危作业主要包括动火作业、临时用电、吊装作业、高处作业、牵引作业、民爆物品销毁等;非常规作业主要包括公路架线、临时架桥、穿过(渡过)河流、攀爬断崖、长途搬迁、夜间作业等;"四新"作业是指采用新工艺、新技术、新材料或者使用新设备的作业,主要包括小折射重锤激发、微测井电火花激发、震源滑动扫描等;高风险工序是指物探施工中涉及的水域作业、山地作业、极高海拔作业和涉爆作业等风险较大的工序。高风险作业造成人员伤害和财产损失的可能性较大,应通过旁站监督,实现作业过程中的风险受控。

一、监督内容

（1）作业许可制度的培训情况,作业人员相关 HSE 技能的掌握情况,持证上岗情况。

（2）工作安全分析的科学性和控制措施的可靠性。

（3）作业许可申请、审批各环节的合理性。

（4）设备设施的书面核查和现场验证。

（5）作业许可审批环节的现场验证。

（6）作业许可执行前的安全交底。

（7）"四新"作业涉及设备设施可靠性的论证。

（8）作业人员对"四新"作业工作安全分析和操作程序的掌握。

（9）高风险工序作业人员操作程序的掌握。

（10）作业人员对施工因素和相关风险的掌握。

（11）劳动防护用品的配备和使用情况。

（12）许可作业、"四新"作业、高风险工序首次作业现场旁站。

（13）应急演练、应急处置、应急物资配备。

二、主要监督依据

Q/SY 1240—2009《作业许可管理规范》。

三、监督控制要点

（1）验证人员资质、培训情况,重点关注外聘人员是否具备作业资格与能力,审查第一次接触作业人员的培训工作。

（2）关注工作安全分析步骤划分情况、风险识别情况、控制措施制定情况。

（3）验证审批环节、审批人权限、升级管理审批是否符合要求。

> 监督依据标准:Q/SY 1240—2009《作业许可管理规范》。
>
> 5.2 作业许可证申请
>
> 5.2.1 作业前申请人应提出申请,填写作业许可证,作业许可证参见附录B。同时提供以下相关资料:
>
> ——作业许可证;
>
> ——作业内容说明;
>
> ——相关附图,如作业环境示意图、工艺流程示意图、平面布置示意图等;
>
> ——风险评估(如工作前安全分析);
>
> ——安全工作方案。
>
> 5.2.2 作业申请人负责填写作业许可证,并向批准人提出工作申请。作业申请人应是作业单位现场负责人,如项目经理、作业单位负责人、现场作业负责人或区域负责人。
>
> 5.2.3 作业申请人应实地参与作业许可所涵盖的工作,否则作业许可不能得到批准。当作业许可涉及多个负责人时,则被涉及的负责人均应在申请表内签字。
>
> 5.5 书面审查
>
> 在收到申请人的作业许可申请后,批准人应组织申请人和作业涉及相关方人员,集中对许可证中提出的安全措施、工作方法进行书面审查,并记录审查结论。审查内容包括:
>
> ——确认作业的详细内容;
>
> ——确认所有的相关支持文件,包括风险评估、安全工作方案、作业区域相关示意图、作业人员资质证书等;
>
> ——确认安全作业所涉及的其他相关规范遵循情况,如 Q/SY 1247—2009、Q/SY 1236—2009、Q/SY 1243—2009、Q/SY 1241—2009 等;
>
> ——确认作业前、作业后应采取的所有安全措施,包括应急措施;
>
> ——分析、评估周围环境或相邻工作区域间的相互影响,并确认安全措施;
>
> ——确认许可证期限及延期次数;
>
> ——其他。

5.7 许可证审批

5.7.1 根据作业初始风险的大小,由有权提供、调配、协调风险控制资源的直线管理人员或其授权人审批作业许可证。批准人通常应是企业主管领导、业务主管、区域(作业区、车间、站、队、库)负责人、项目负责人等。

5.7.2 书面审查和现场核查通过之后,批准人或其授权人、申请人和受影响的相关各方均应在作业许可证上签字。

5.7.3 许可证的有效期限一般不超过一个班次。如果在书面审查和现场核查过程中,经确认需要更多的时间进行作业,应根据作业性质、作业风险、作业时间,经相关各方协商一致确定作业许可证有效期限和延期次数。

5.7.4 如书面审查或现场核查未通过,对查出的问题应记录在案,申请人应重新提交一份带有对该问题解决方案的作业许可申请。

5.7.5 作业人员、监护人员等现场关键人员变更时,应经过批准人和申请人的批准。

(4)验证设备设施的资质、完整性和有效性,重点关注外租设备。

(5)验证审批人是否进行控制措施的现场确认。

监督依据标准:Q/SY 1240—2009《作业许可管理规范》。

5.6 现场核查

书面审查通过后,所有参加书面审查的人员均应到许可证上所涉及的工作区域实地检查,确认各项安全措施的落实情况。现场确认内容包括但不限于:

——与作业有关的设备、工具、材料等;

——现场作业人员资质及能力情况;

——系统隔离、置换、吹扫、检测情况;

——个人防护装备的配备情况;

——安全消防设施的配备,应急措施的落实情况;

——培训、沟通情况;

——安全工作方案中提出的其他安全措施落实情况;

——确认安全设施的提供方,并确认安全设施的完好性。

(6)验证作业许可执行前的安全交底情况。

(7)"四新"作业涉及设备设施可靠性论证情况。

(8)"四新"作业工作安全分析情况及操作程序的制定情况。

(9)高风险工序作业人员实际操作的熟练程度、操作规程的符合度。

（10）关注作业人员对施工区域气候、地质、地貌、施工方法等施工因素的了解情况，及其可能对作业产生风险的掌握情况。

（11）作业人员劳动防护用品穿戴和使用情况，重点关注"四新"作业人员劳动防护用品的防护效果。

（12）许可作业、"四新"作业、高风险工序的旁站监督应符合以下要求：

① 同类许可作业的首次实施应实施旁站监督，承包商实施的许可作业应实施旁站监督。

② 新工艺、新技术、新材料和新设备首次应用或使用应实施旁站监督。

③ 包药、下药、爆炸的前两个井位应实施旁站监督。

④ 盲炮处置作业前2炮作业应实施旁站监督。

⑤ 高陡搬迁作业、涉水作业应实施旁站监督。

⑥ 震源作业的初次采集前5个点位作业和推路作业首个班次应实施旁站监督。

⑦ 旁站监督时要留存影像资料。

⑧ 几项活动同时进行，选择风险较高的作业进行旁站监督，未能旁站监督的作业要事后查阅相关记录、影像，访谈作业人员进行验证。

（13）关注许可作业、"四新"作业、高风险工序作业的应急处置和应急物资配备。

四、典型"三违"行为

（1）未经培训及无证作业。

（2）高风险作业未开展工作安全分析。

（3）许可类作业未实施作业许可。

（4）作业许可申请、审批不符合要求。

（5）作业许可审批人未进行现场验证。

（6）设备设施的资质、完整性和有效性不符合要求。

（7）"四新"作业涉及设备设施未进行可靠性论证。

（8）作业人员违规操作。

（9）未按要求穿戴劳动防护用品。

（10）未制订针对性的应急处置措施。

五、典型案例

（一）违规吊装造成伤害

1. 简要经过

2010年11月28日，某物探队进行吊装板房作业，员工李某爬上板房，挂好钢丝绳后，蹲在板房上双手扶着板房顶部,这时起重工王某起吊,由于使用单根钢丝绳,板房脱离地面时发生倾斜,李某见势不妙,从板房上跳到地面,造成左脚踝扭伤。

2. 主要原因

(1)没有执行高危作业许可制度,没有办理吊装作业许可证。

(2)没有对吊索具检查、分析评估,也没有进行危害因素识别,制订风险控制措施和吊装作业管理方案。

(3)现场没有吊装监督管理和指挥人员,违章进行吊装板房作业。

3. 事故教训

(1)吊装作业必须办理许可,吊物上不能站人。

(2)不能用单根钢丝绳起吊。

(3)审批人必须到现场验证风险控制措施。

4. 事件启示

任何高危作业不能草率作业,存在侥幸心理,要严格落实各岗位职责和操作程序。

(二)违规高处作业造成伤亡

1. 简要经过

2006年5月25日12点,某物探队山地施工的放线班员工在一号线摆放1044—1045桩号之间的大线。1044点在悬崖上方,1045点在悬崖下方。放线工米某在接好1044点后,需要确认悬崖下方的1045点是否有人,以便将大线抛到悬崖下。他告诉另一名员工A绕路到悬崖下方,去确认是否有人。下山的过程中,A发现员工K坐在悬崖底下,于是大声呼喊,要求K远离悬崖。在K刚离开悬崖下方的时候,发现放线工米某失足从约30m的高处跌落,造成头部多处骨折致死。

2. 主要原因

(1)没有制订高处作业施工方案和执行高处作业许可制度。

(2)现场没有监护人监护,没有采取防坠落措施。

(3)风险识别不充分,安全意识不强。

3. 事故教训

(1)严格执行高处作业许可制度,制订并严格执行高处作业施工方案。

(2)对作业人员实施针对性培训,提高风险防范意识和作业技能。

(3)审批人必须到现场验证风险控制措施。

（4）加强现场监护，确保防护措施有效。

4. 事件启示

任何高处作业不能存在侥幸心理，必须执行作业许可制度。

（三）营房车违规牵引造成严重后果

1. 简要经过

2007年8月9日晚7时40分左右，某物探队驾驶员茹某驾驶车牌号为青HA3517卡车，在营地拖运营房车到手摇钻工地，在拖运营房车经315国道时，被拖营房车与主车的牵引钩突然脱开后，与吐哈钻井吊装公司员工驾驶私家车车牌号为青HA6510东风悦达起亚千里马轿车相撞，造成2人死亡2人轻伤的重大交通事故。

2. 主要原因

（1）没有执行牵引作业许可制度。

（2）营房车拖车钩未按要求挂好锁牢，原车拖车锁销丢失用铁丝代替。

（3）没有按要求检查拖车钩及锁销。

（4）风险识别不充分，安全意识不强。

3. 事故教训

（1）严格执行牵引作业许可制度，制订搬迁计划。

（2）审批人必须到现场验证牵引车和营房车状况及相应风险控制措施。

（3）车辆牵引应严格限速行驶，按要求进行定时检查。

（4）对作业人员实施针对性培训，提高风险防范意识和作业技能。

4. 事件启示

严格执行操作规程和要求，高风险作业的任何细微疏忽都有可能酿成大事故。

六、思考题

（1）哪些作业应实施旁站监督？

（2）许可作业、"四新"作业、高风险工序实施旁站监督时应关注哪些环节？

第三章 物探队安全管理监督要点

本章主要依据国家标准、行业标准和集团公司相关管理制度,从 HSE 体系管理、双重预防机制建设、履职能力评估、安全生产教育培训、承包商管理、变更管理、职业健康管理和事故、事件报告与分析等八个方面对物探队管理要点、安全监督要点进行描述,为监督工作提供指南。

第一节 HSE 体系管理

本节 HSE 体系管理主要描述体系运行、两书一表、基层标准化站队建设和基层日常检查等重要性、基层管理要点和安全监督要点内容,为监督人员现场监督提供引领导向。

一、体系运行

安全管理的核心是风险管理,风险管理主要靠体系管理。通过健康、安全与环境初始评审,明确现有健康、安全与环境状况以及确定改进的机会,从而进行策划和设计,确定如何实现风险管理要求,并形成文件。各基层单位风险管理应强化依靠 HSE 体系管理,运行 HSE 管理体系。

(一)重要性

健康、安全与环境管理体系(以下简称 HSE 管理体系)基于策划—实施—检查—改进(PDCA)的运行模式。HSE 管理体系七个要素中"领导和承诺"是 HSE 管理体系建立与实施的前提条件;"健康、安全与环境方针"是 HSE 管理体系建立和实施的总体原则;"策划"是 HSE 管理体系建立与实施的输入;"组织结构、职责、资源和文件"是 HSE 管理体系建立与实施的基础;"实施和运行"是 HSE 管理体系实施的关键;"检查与纠正措施"是 HSE 管理体系有效运行的保障;"管理评审"是推进 HSE 管理体系持续改进的动力。基层单位通过运行 HSE 管理体系践行有感领导、实现管理目标、履行管理职责、有效管控风险、杜绝各类事故的发生。

(二)基层管理要点

(1)实施项目 HSE 管理体系运行,加强"两书一表"管理。

（2）领导和承诺。主要是领导的个人安全行动计划和领导承包重点要害部位联系点管理。

（3）危害因素辨识、风险评价和控制措施的实施。重点是项目不同阶段全员危害因素辨识，风险管理和高风险作业管理。

（4）能力、培训和意识。各岗位人员合格上岗、持证上岗，强化员工项目开工前的 HSE 培训工作，重点加强全员"两书一表"、关键岗位人员操作程序、风险管理和风险控制工具的培训。

（5）设备设施完整有效性。制定设备管理制度、完善操作程序，强化设备验收，严格"定人定机"，编制并实施设备维修计划，定期进行设备检查，保证设备设施安全有效。

（6）承包商和（或）供应商。要从承包商的"施工队伍资质关、HSE 业绩关、人员素质关、设备设施关和监督能力关"入手，加强承包商"五关"管理，强化过程监管，确保承包商管理执行统一的 HSE 标准。

（7）运行控制。强化危化品、交通运输、消防、用电、安保防恐管理，加强环境保护和职业健康管理，确保项目作业关键环节风险受控。

（8）应急准备和响应。结合项目实际，编制应急预案，并进行演练。重点加强应急人员培训和能力评估、应急物资的配备，强化"一案一卡"和应急预案的持续完善。

（9）不符合、纠正措施和预防措施。强化检查和审核发现问题的原因分析，整改落实，纠正措施和预防措施的合理制订。

（三）安全监督要点

（1）监督项目"两书一表"的制定和执行情况。

（2）监督有感领导的践行，重点是个人安全行动计划的制订与实施，领导联系点到位，定期讲授安全课，参加检查与审核，主持隐患的月度分析等。

（3）监督风险管控，重点是结合项目进度，监督不同工序主要风险的受控情况，监督全员危害因素识别、风险评价和控制，监督高风险作业和新增风险的管控情况。

（4）监督员工培训和能力评价，重点是员工项目开工前的 HSE 培训，关键岗位员工的能力评价，人员持证情况，"两书一表"、关键岗位人员操作程序、风险管控工具的掌握情况。

（5）监督设备设施完整有效性，重点是设备制度和操作程序、设备验收情况、维护保养情况和安全附件的完整、有效。

（6）监督物探承包商的全过程管理，重点是承包商人员的能力评价和培训，设备设施的合规和完整有效性，作业现场的风险管控情况。

（7）监督项目各工序主要风险，按照第二章中工序管理相关要求，对民爆物品、危化品、交通运输、消防、用电、安保防恐、环境保护、职业健康等方面进行重点监督。

（8）监督应急管理，重点是应急预案的针对性和可操作性，应急演练的真实性和及时性，关注应急物资的配备、人员的应急能力、"一案一卡"的执行。

（9）监督各层级检查制度的执行，发现问题的原因分析和整改，纠正措施和预防措施的落实。

二、两书一表

两书一表是指"HSE 作业计划书""岗位 HSE 作业指导书"和"现场检查表"。

（一）重要性

两书一表是 HSE 管理的作业性文件，基层单位通过两书一表对风险进行管控。"HSE 作业计划书"是针对物探项目的实际情况编制的 HSE 管理方案，基层单位结合实际情况制定"HSE 作业计划书"，对物探项目各工序和作业活动相关风险进行管控；"岗位 HSE 作业指导书"是指导基层操作岗位人员现场操作的作业文件，岗位员工通过执行"岗位 HSE 作业指导书"，规范岗位操作和岗位应急，控制岗位风险；"现场检查表"是对物探作业活动进行符合度验证的管理工具，基层单位通过"现场检查表"的实施，及时纠正违章，及时发现不安全行为、不安全状态和管理缺陷，持续提高现场 HSE 管理水平。

（二）基层管理要点

（1）基层单位结合物探项目实际情况，针对相关风险编制并运行项目"HSE 作业计划书"。

（2）基层单位结合物探项目实际情况，严格执行"岗位 HSE 作业指导书"。

（3）基层单位结合物探项目实际情况和岗位风险编制并实施"现场检查表"。

（三）安全监督要点

（1）监督基层单位"HSE 作业计划书"中风险辨识的针对性和控制措施的符合性。

（2）监督基层单位"HSE 作业计划书"的审核、审批情况。

（3）监督基层单位"HSE 作业计划书"的培训、交底情况。

（4）监督基层单位"HSE 作业计划书"的执行情况。

（5）监督基层单位"岗位 HSE 作业指导书"的适用性和有效性。

（6）监督基层单位"岗位 HSE 作业指导书"的培训和执行情况。

（7）监督基层单位"现场检查表"是否覆盖物探作业活动全过程。

（8）监督基层单位"现场检查表"的针对性、适用性。

（9）监督基层单位"现场检查表"的使用效果。

三、基层标准化站队建设

为深化物探队 HSE 管理体系建设,将 HSE 管理体系运行到基层、到班组,切实将 HSE 管理的先进理念和制度要求融入物探队作业活动中,从而解决物探队 HSE 工作与生产作业活动脱节现象,根治现场"低老坏"和习惯性违章,结合集团公司安全生产标准化工作要求和物探队工作实际,开展基层站队(车间、库、所)HSE 标准化建设工作。

(一)重要性

基层站队 HSE 标准化建设是对基层 HSE 工作再总结、再完善、再提升,与现行"三标"建设、"五型班组"建设、安全生产标准化专业达标和岗位达标等工作相融合,避免了工作重复和内容矛盾。物探队 HSE 标准化建设围绕物探作业活动风险识别、风险管控和应急处置工作主线,确定重点内容,突出专业要求,明确建设标准和严格达标考核,做到标准简洁明了、操作简便易行,有效地推动了物探队 HSE 管理体系运行持续改进、提升。

(二)基层管理要点

(1)制定物探队 HSE 标准化建设标准。

(2)制定物探队 HSE 标准化建设活动方案并实施。

(3)员工从事各项作业活动前,必须培训合格上岗。

(4)风险识别、风险管控和应急处置管理符合 HSE 管理体系要求,各项作业活动合规并符合标准要求。

(5)所有设备设施完整有效,各项操作程序齐全、适用,员工掌握操作程序并规范操作。

(6)各项作业活动现场规范、整洁、目视化完整,所有风险得到有效控制。

(7)物探队 HSE 标准化建设严格达标考核过程。

(三)安全监督要点

(1)监督物探队 HSE 标准化建设标准的合规性、适用性。

(2)监督物探队 HSE 标准化建设活动方案的可行性,严格按方案实施。

(3)监督物探队风险管理、责任落实、能力培训、设备设施管理、生产运行、应急管理、检查改进等主题事项,运用安全检查表、JSA 等方法,识别风险,排查隐患,完善防范措施,有效控制和治理风险。

(4)监督物探队"一岗双责",明晰目标责任和属地管理。重点监督物探队及各岗位都有明确的 HSE 目标指标,包括过程性指标和结果性指标;监督物探队领导落实本岗位 HSE 职责,制订并有效实施个人安全行动计划。

(5)监督物探队岗位培训、培训矩阵和常规作业操作规程。重点关注操作技能培训,严格实际操作、检查考核;开展能力评估,规范班组活动,做到员工能岗匹配、合格上岗。

(6)监督物探队依法合规管理。重点监督制度、标准和规程,结合基层实际,优化工作流程,严格规范执行;重点监督非常规作业许可管理,严格按规定程序办理作业票证;重点监督承包商作业过程监管,严格落实安全措施到位。

(7)监督物探队按标准配备各类 HSE 设施和生产作业设备。重点监督设备质量和操作规程,严格设备使用前的安全检查;监督设备检修计划并按计划进行设备维修维护保养;重点监督特种设备和职业卫生防护、安全防护、安全检测、消防应急、污染物处理等设施管理。

(8)监督物探队岗位交接班制度。重点关注岗位巡检、日检、周检制度的落实,严格劳动纪律检查考核,杜绝违章行为;重点监督各类工艺技术资料齐全完整,开工、停工等操作变动及其他工艺技术变更履行审批程序,新增风险受控。

(9)监督物探队各类突发事件应急预案和处置程序完善,重点监督应急物资完备,定期培训演练,员工熟知熟练。

(10)监督物探队生产作业场地和装置区域布局合理。重点监督生产作业区域、生活后勤区域的方向位置、区域布局、安全间距符合标准要求。

(11)监督物探队的人员、设备设施、工艺管线和作业区域的目视化标识齐全醒目。重点监督现场风险警示告知、固体废弃物分类存放、作业场地环境整洁卫生、各类工器具和物品定置摆放目视化;监督关键岗位人员、外部人员目视化。

四、基层日常检查

物探队日常检查是指对物探队驻地各部位、物探作业现场各环节和各岗位按要求进行的自行检查,按着检查表对作业前、作业过程中和作业结束后进行检查,对物探队驻地各部位进行定期检查。

(一)重要性

物探队日常检查是对操作岗位操作程序符合性、对作业过程各环节和驻地各部位存在的风险、风险管控进行检查,具有预防性和及时性。是规范作业程序、控制风险的前沿关口,从源头识别危害因素,控制治理风险,杜绝事故发生。

(二)基层管理要点

(1)作业前检查。根据岗位特点进行合规上岗检查,主要包括证件是否齐全、有效;作业活动记录与实际相符;工具齐全完好,能够有效使用;劳动防护用品穿戴齐全合规;应急物品是否带齐等;严禁携带违禁物品。

(2)作业现场、作业过程中检查。根据作业流程和作业程序对习惯性违章作业、没有按作业程序作业和没有作业程序等可能带来的风险进行检查。

（3）作业结束后检查。检查现场记录要翔实清楚，清理情况符合标准。

（4）各项作业活动日常检查的检查表内容应覆盖各岗位、各作业环节全过程。

（5）各项作业活动日常检查发现问题的预防和整改。

（6）各项作业活动日常检查的责任人落实。

（三）安全监督要点

（1）监督物探队岗位安全检查职责履行情况和现场安全检查。重点监督物探队各层级安全检查职责落实，是否按规定实施了检查工作；监督物探队各项作业活动是否按作业前、作业过程中和作业结束后检查。

（2）监督物探队各班组、各岗位按 HSE 管理体系要求定期进行安全检查和互检情况。

（3）监督物探队各岗位、各环节实施检查情况，"现场检查表"是否覆盖各岗位、各作业环节全过程。

（4）监督各种检查发现问题的整改、验证工作。

五、思考题

（1）物探队 HSE 体系运行的要点有哪些？如何监督？

（2）物探队 HSE 两书一表的监督要点有哪些？

（3）基层标准化站队建设是如何开展的？监督要点有哪些？

（4）物探队日常检查的重点有哪些？如何监督？

第二节　双重预防机制建设

物探队开展风险分级管控和隐患排查治理双重预防机制建设，通过排查各作业环节，对隐患进行识别、整改分析，制订有效的控制措施，控制物探作业主要风险，预防各类事故发生。本节主要对风险防控、隐患识别与整改分析和应急管理三个方面进行描述，为监督工作提供指南。

一、风险防控

物探队开展风险防控工作，以 HSE 体系运行为主线，围绕物探作业主要风险，对物探队关键作业环节、主要设备运行和 HSE 管理活动进行系统梳理，系统辨识现场作业、设备运行和 HSE 管理存在的危害因素，评价风险等级，完善控制措施，全面提升物探队风险管控能力。

（一）重要性

风险防控工作是夯实物探队 HSE 体系运行的基础工作，其核心是提升物探队风险管控能力。找准主要风险，确定任务目标，明确时间节点，制订风险防控的工作计划并按计划开展工作，是物探队规范各项作业活动流程，规范班组标准化建设，规范岗位员工作业行为，确保安全生产的关键工作。

（二）基层管理要点

（1）风险辨识。通过梳理物探队项目作业（项目踏勘、资源动迁、测量、表层调查、钻井、放线、采集、清线、项目收尾等）流程，从物的不安全状态、人的不安全行为、环境的不良影响和管理的缺欠，对关键作业环节、非常规作业和高危作业进行风险识别。

（2）风险评估。依据法律法规标准、公司相关制度、工区踏勘报告、历史类似项目资料（总体风险评价报告、事故案例）等，对项目进行初始风险评价；通过梳理物探项目作业流程识别的所有风险、高危风险、重大风险和关键作业环节等，对项目风险进行总体风险评价。

（3）风险管控。对总体评价的风险进行等级划分，明确物探队各层级风险管控职责，将责任按层级落实到队领导、班组长和岗位员工，制订风险分级管控管理方案。加强非常规、高危作业许可制度管理，强化"五位一体"管理法，即通过简明规范的程序/规程、HSE 检查表、JSA 和属地职责、应急处置和 HSE 培训控制各关键作业环节的安全风险和新增风险。严格项目作业人员劳动保护、作业防护工具和作业设备安全装置的管理。

（4）隐患排查。开展各类专项安全检查和班组自检、互检，排查治理隐患。

（三）安全监督要点

（1）监督物探队风险分级管控和隐患排查治理方案的编制与实施。

（2）监督物探队风险评价过程和评价结果。

（3）监督物探队各项作业程序、操作规程的合规性及培训。

（4）监督物探队作业许可制度执行和作业许可证办理情况。

（5）监督物探队劳动保护的配备和安全装置的有效性。

（6）监督物探队各作业风险的有效控制及应急演练。

（7）监督物探队各层级风险管控职责的落实。

二、隐患识别与整改分析

隐患识别是依据物的不安全状态、人的不安全行为、环境的不良影响和管理的缺欠，辨识可能导致人员伤害或疾病、财产损失、工作环境破坏、有害的环境影响或这些情况组合的要素，包括根源和状态。通过对隐患进行整改分析，完善隐患治理。

(一)重要性

隐患识别是风险防控的基础,全方位、全过程识别隐患,才能有效开展风险防控工作,制订风险控制措施,防止人员伤害和财产损失。依据作业程序、存在原因和风险评价结果对隐患进行整改分析,才能更有效地进行隐患整改,制订整改措施和预防措施。

(二)基层管理要点

(1)项目作业前的隐患识别。通过工区踏勘、作业方法和环境调查,对地表及地下设施、作业设备、自然环境、社会人文进行危害因素识别,建立危害因素辨识清单。

(2)项目作业流程和关键环节的隐患识别。强化安全工作分析和工作循环检查管理,结合物探队项目作业实际,对物探作业各工序进行隐患识别。

(3)隐患识别活动和安全检查。开展全员隐患识别活动,定期进行安全检查,建立隐患识别奖励机制,识别作业过程中的危害因素。

(4)隐患整改、验证。加强隐患治理,及时整改识别的隐患,明确隐患整改责任人和整改验证人。

(三)安全监督要点

(1)监督物探队项目隐患识别台账的建立。包括危害因素辨识清单、危害因素评价记录、危害因素分级管理。

(2)监督物探队项目高风险作业和关键环节是否进行安全工作分析。

(3)监督物探队关键岗位操作程序及操作规程是否进行工作循环检查。

(4)监督物探队全员隐患识别活动和各项安全检查情况。

(5)监督物探队隐患治理和隐患整改。

(6)监督物探队隐患识别奖励机制的建立和执行。

三、应急管理

物探队应急预案一般由各类突发事件的现场处置预案组成。现场处置预案是针对物探队的重大危险源、关键生产装置、要害部位及场所,以及大型公众聚集活动或重要生产经营活动等,可能发生的突发事件或次生事故,编制的处置、响应、救援等具体的工作方案。加强应急管理,降低突发事故、事件损失和次生事故的发生。

(一)重要性

物探队的应急管理是 HSE 管理体系运行的需要,是风险管理的必要内容,是通过对潜在的紧急情况和突发事件进行识别,制订应急准备和响应的计划、程序,使紧急情况和突发事件得到快速、有效的处置,控制事态的发展,最大限度地减少人员伤害、环境影响和财产损失。

(二)基层管理要点

(1)物探队应急预案的编写。预案编制前,应先对各种风险进行识别,分析其潜在的危害后果和影响,对应急管理现状、应急能力等进行评估,形成风险分析与应急能力评估报告;预案编制时,依据风险分析与应急能力评估报告,对突发事件进行分级,确定如何预警、怎样响应;预案编制完成后,按照业务管理流程和应急工作职责等,由预案编制牵头队领导组织对预案进行评审。

(2)物探队根据勘探项目实际,编制现场应急处置预案,内容要简明、科学、符合实际,制成卡片发给应急人员,做到"一案一卡"。

(3)应急预案人员的能力评价、预案的培训和应急预案的实战演练。

(三)安全监督要点

(1)监督物探队根据勘探项目实际,编制现场应急处置预案;预案中应急人员管理职责的界定与履行情况。

(2)应急预案风险分析与应急能力评估。

(3)应急响应程序与处置;"一案一卡"的实施。

(4)应急物资的管理。

(5)应急预案的培训与演练。

四、思考题

(1)物探队开展风险分级管控和隐患排查治理双重预防机制建设的关键在哪里?如何监督?

(2)物探队应急管理应该关注哪些方面?如何监督?

第三节 履职能力评估

安全履职能力评估是指对员工是否具备相应岗位所要求的安全环保能力进行的评估,评估结果作为上岗考察依据。基层安全履职能力评估分为基层骨干人员履职能力评估和操作岗位人员履职能力评估。

一、基层骨干人员履职能力评估

基层骨干人员是指物探队班组长及以上管理人员。

(一)重要性

基层骨干人员是物探队 HSE 管理的关键和核心,其管理能力直接影响基层 HSE 体系运行效果,对基层骨干人员的能力评估非常重要。

(二)物探队管理要点

(1)从安全基本能力、安全领导能力、风险掌控能力、应急指挥能力四个方面制订履职能力评估方案。

(2)明确评估标准,完善 HSE 知识测试题库。

(3)通过 HSE 知识测试、能力测评、业绩评定三方面对骨干人员进行履职能力评估。

(4)结合评估结果,制订并实施能力提升计划。

(三)安全监督要点

(1)监督履职能力评估方案的可行性。

(2)监督评估标准和测试题目的科学性。

(3)监督能力评估结果的真实性和准确性。

(4)监督能力提升计划的执行情况。

二、操作岗位人员履职能力评估

操作岗位人员指物探队各班组中除技术人员以外的所有岗位人员。

(一)重要性

物探队的主要风险集中在操作岗位,而操作岗位员工由于流动性大、安全意识与技能水平参差不齐,做好操作岗位人员能力评估,确保上岗人员的能力与岗位需求匹配是控制风险的首要环节。

(二)物探队管理要点

(1)从安全基本能力、安全行为能力、风险辨识能力、应急反应能力四个方面制订履职能力评估方案。

(2)明确评估标准,完善 HSE 知识测试题库。

(3)通过 HSE 知识测试、日常表现、业绩评定三方面对操作岗位人员进行履职能力评估。

(4)结合评估结果,制订并实施能力提升计划。

(三)安全监督要点

(1)监督履职能力评估覆盖的全面性,重点监督关键岗位人员是否有遗漏。

（2）监督评估时机把握的准确性，重点监督是否在项目开工前进行的评估。

（3）监督涉爆作业人员、特种作业人员、特种设备操作人员资质要求及满足情况的符合性，重点监督是否存在证件过期或培训、发证机构不具备资质的情况。

（4）监督履职能力评估结果应用情况的真实性，重点监督评估不合规人员处置情况。

三、思考题

物探队哪些人员需要进行安全履职能力评估？评估哪些方面？如何监督？

第四节　安全生产教育培训

物探队安全生产教育培训主要从"项目开工前培训、新上岗员工培训、日常教育培训、外来人员和承包商教育培训、持证上岗人员培训"五方面，按照培训矩阵制订培训计划并实施。

一、项目开工前培训

项目开工前培训是指在项目启动后，正式开工前的人员集中 HSE 培训。

（一）重要性

开工前对作业人员的集中培训，是结合项目实际对作业程序、主要风险及控制措施、应急知识等内容的针对性培训，进一步使员工掌握操作规程，强化岗位风险控制，提升风险管控能力。

（二）物探队管理要点

（1）结合项目实际，根据培训矩阵，制订培训计划。

（2）结合项目主要风险，编写培训课件。

（3）按照计划实施培训。

（4）实际操作考核和理论考试。

（5）能力评价。

（三）安全监督要点

（1）监督培训矩阵的合理性，培训计划合规性，重点关注培训课时和培训师资是否满足要求；重点关注是否做到全员培训，尤其是打前站人员和零散人员；重点关注关键作业的针对性培训。

（2）监督"两书一表"的培训情况。

（3）监督培训内容是否符合项目实际。

（4）监督是否结合项目主要风险编制培训课件。

（5）监督"一票否决"题目的考试结果。

（6）监督考试考核的真实性和能力评价的准确性。

二、新上岗员工培训

基层单位应对新上岗员工进行强制性安全培训，保证其具备本岗位安全操作、自救互救以及应急处置所需的知识和技能后，方能安排上岗作业。

（一）重要性

新上岗员工对操作流程不熟悉，岗位风险不了解，控制措施不清楚，应急处置不熟练，贸然上岗易引发事故，因此对新上岗员工进行岗前培训尤为重要。

（二）物探队管理要点

（1）结合定岗情况，根据培训矩阵，制订培训计划。

（2）结合定岗情况，培训"岗位 HSE 作业指导书"。

（3）结合项目实际，培训应知应会相关内容。

（4）按照计划实施培训。

（5）实际操作考核和理论考试。

（6）能力评价。

（三）安全监督要点

（1）监督所有新上岗员工是否均接受了培训。

（2）监督新上岗员工培训矩阵、培训计划的合理性。

（3）监督培训计划的执行情况。

（4）监督考试考核的真实性和能力评价的准确性。

三、日常教育培训

安全习惯的养成是一个循序渐进的过程，需要在日常工作中不断进行教育和培训。所有物探队项目员工均应持续接受日常教育和培训，不断提高岗位风险辨识与控制能力，满足岗位安全生产需要。

（一）重要性

结合工作实际、因地制宜开展形式灵活的针对性培训对于提高员工参与培训的积极性、主动性,以及增强培训效果、切实防控风险都有着重要的意义。

(二)物探队管理要点

(1)结合工作实际,采取集中授课、班组活动、工作安全分析会、演练、晨会等灵活多样的培训方式。

(2)根据施工区域、施工季节、气候条件等变化,结合岗位实际及不同时间段的风险控制需要,确定针对性培训内容。

(3)实际操作考核和理论考试。

(4)培训效果评估。

(三)安全监督要点

(1)监督培训频次、内容是否满足岗位需要且具有针对性。

(2)监督培训方式是否灵活,是否便于员工接受和掌握。

(3)监督培训是否进行考核,不合格人员如何处置。

(4)监督是否进行培训效果评估,评估方式是否符合实际、内容是否符合要求。

(5)监督针对评估发现的问题是否进行了整改。

四、外来人员和承包商教育培训

外来人员指除物探队项目员工以外的所有临时到访、检查、服务、交叉作业等人员。

(一)重要性

物探队由于外来人员对作业现场不熟悉,对存在的风险了解不详,为防止对外来人员受到伤害,很有必要外来人员进行风险告知和安全教育培训。承包商由于文化程度低、安全意识淡薄,对作业工序不熟练,操作程序不掌握,为预防和杜绝承包商人员上岗作业造成事故,必须对承包商进行教育培训。

(二)物探队管理要点

(1)加强外来人员进行风险告知和安全教育培训。

(2)根据项目安全施工的需要,对承包商编制有针对性的安全教育培训计划。

(3)承包商入队前,对参加项目的所有员工进行有关安全生产法律、法规、规章、标准和建设单位有关规定的培训,重点培训项目执行的规章制度和标准、HSE作业计划书、安全技术措施和应急预案等内容,并将培训和考试记录报送物探队备案。

(4)物探队对承包商项目的主要负责人、分管安全生产负责人进行专项安全培训,考核合格后,方可参与项目施工作业。

(三)安全监督要点

(1)监督承包商安全培训制度、项目培训计划的制订和实施。

(2)监督承包商安全培训经费投入和使用的情况。

(3)监督物探队对承包商的安全培训和教育效果。

(4)监督物探队对承包商培训工作的监管情况。

五、持证上岗人员培训

取得地方有关部门颁发的从业许可证的人员,指特种作业人员、涉爆人员、餐饮人员、驾驶员等需持地方有关部门颁发的从业许可证方能上岗的人员。虽然已经具备基本从业资质,但不等于可以在物探队从事相应岗位作业,上岗前仍需要进行内部培训。

(一)重要性

由于物探作业地点、环境等的特殊性,即便取得地方有关部门颁发的从业许可证,但并不一定适合在野外物探项目上岗就业。结合所在项目情况、岗位实际要求,对持证上岗人员进行内部培训,并取得内部作业许可证是提高关键岗位人员技能、控制风险的有效手段。

(二)物探队管理要点

(1)身体、学历、资质、安全技能等满足相关从业许可的基本要求。

(2)按照国家及所在地政府相关要求参加培训、复训并取得有效证书,定期年审。

(3)结合岗位要求开展针对性培训。

(4)离开特种作业岗位6个月以上的特种作业人员,按照国家及所在地政府的要求重新进行实际操作考试,经确认合格后方可上岗作业。

(三)安全监督要点

(1)持证上岗人员的资质证件是否与岗位相符,是否在有效期内,是否进行了岗前培训。

(2)需取得内部作业许可的人员是否取得相应证件,证件是否在有效期内。

(3)实际检验持证上岗人员的操作技能、HSE知识是否满足岗位需求。

六、思考题

(1)物探队开展的安全培训有哪些?如何监督培训效果?

(2)物探队哪些作业人员需持证上岗?监督要点有哪些?

第五节　承包商管理

按照集团公司健康安全环境（HSE）管理原则，承包商管理执行统一的健康安全环境标准。企业应将承包商 HSE 管理纳入内部 HSE 管理体系，实行统一管理，并将承包商事故纳入企业事故统计中。物探队应对承包商按照企业 HSE 管理体系的统一要求，在 HSE 制度标准执行、员工 HSE 培训和个人防护装备配备等方面加强内部管理。

（一）重要性

承包商队伍是物探队项目生产整体的一部分，将承包商事故纳入企业事故统计中，承包商队伍的事故将直接影响物探队项目运作业绩和发展。由于承包商队伍人员文化程度相对较低，设备陈旧老化，风险点源多，事故率较高，为防止和减少承包商事故发生，保障人身和财产安全，加强承包商管理，将承包商 HSE 管理纳入内部 HSE 管理体系，实行统一管理，至关重要。

（二）基层管理要点

（1）加强承包商队伍"五关"管理。即"施工队伍资质关、HSE 业绩关、人员素质关、设备设施关和监督能力关"。物探队组织分包商进队验收，主要包括：分包商的 HSE 管理组织、保障措施及相关文件的验收；分包商的人员验收；分包商的设备符合性验收；劳动防护用品配备。

（2）物探队与承包商队伍签订劳动服务合同应涵盖 HSE 管理内容。

（3）承包商人员接受物探队相应的 HSE 知识培训。

（4）物探队指定专职领导对承包商队伍实施管理。

（5）物探队对承包商人员作业实施风险过程控制，按要求组织对承包商进行安全检查和督促设备保养。

（三）安全监督要点

（1）监督物探队对承包商队伍的"五关"管理，即严格对承包商施工队伍资质关、人员素质关、设备设施关、监管能力关的检查验收。

（2）监督物探队与承包商队伍签订劳动服务合同的签订。

（3）监督承包商人员相应的 HSE 知识培训效果。

（4）监督物探队是否指定专职领导对承包商队伍实施管理。

（5）监督承包商按要求进行设备保养。

（6）监督承包商人员作业风险控制措施的落实，对承包商人员作业实施安全监督检查。

(四)思考题

物探队承包商管理的监督要点有哪些？

第六节　变更管理

物探队变更管理是指当标准、程序和关键岗位人员发生变化,技术、材料及工序发生改变,施工方法、设备设施和作业环境发生变更时对新增风险进行系统的、有计划的管控。

(一)重要性

基层单位的变更管理是为了有效控制物探作业中各种变更带来的新增危害和风险,消除或减少由于变更引起的潜在的事故隐患。

(二)基层管理要点

(1)明确变更范围。

(2)梳理变更管理流程。

(3)做好变更的过程管理。

(4)完善变更引起新增风险的控制措施。

(三)安全监督要点

(1)监督变更范围确定的准确性,关注标准、程序和关键岗位人员的变化,关注技术、材料及工序的改变,关注施工方法、设备设施和作业环境的变更。

(2)监督变更管理流程的合规性、合理性。

(3)监督是否按照管理流程实施变更。

(4)监督变更引起新增风险是否得到有效控制。

(四)思考题

物探队变更管理的监督要点有哪些？作为监督应该关注哪些变更？

第七节　职业健康管理

职业健康管理是指单位为员工提供符合职业健康要求的工作环境和条件,配备与职业健康保护相适应的设施、工具,通过对职业危害作业场所的管理与员工职业健康监护,规范职业健康管理工作,保护员工健康。

一、职业体检

（一）重要性

对员工进行职业健康体检,在上岗前可以发现有职业禁忌的员工,禁止其从事不适宜的岗位;在岗期间早期发现病损,早期调离有害岗位,及时治疗;离开有害作业岗位时,对员工及时发现是否有职业病,起着至关重要的作用。

（二）基层管理要点

（1）对职业病防治的法律法规、标准、制度等进行培训。
（2）对接害岗位进行统计,组织接害员工进行职业健康体检,建立职业健康档案。
（3）与员工签订职业危害告知书,作为劳动合同附件管理。
（4）将职业健康相关信息录入HSE信息系统。

（三）安全监督要点

（1）监督职业病防治的法律法规、标准、制度等培训情况。
（2）监督是否对接害岗位进行了统计,是否对接害员工进行了职业健康体检,体检项目是否合规,是否建立职业健康档案。
（3）监督是否与员工签订职业危害告知书。
（4）监督是否将职业健康相关信息录入HSE信息系统。

二、女工保护

（一）重要性

女工长期在有害因素超标的场所工作,不仅可以引起月经和妊娠功能障碍,影响授乳功能,而且还严重影响下一代的身体健康。因此,女工职业保护尤为重要。

（二）基层管理要点

（1）严禁安排女工从事对女性有禁忌的作业。
（2）设置孕妇休息室或休息区。

（三）安全监督要点

（1）监督是否安排女工从事职业禁忌的作业。
（2）监督是否设置孕妇休息室或休息区。

三、劳动保护用品管理

(一)重要性

劳动防护用品是指保护劳动者在生产过程中的人身安全与健康所必备的一种防御性装备,对于减少职业危害起着相当重要的作用。

(二)基层管理要点

(1)配备符合接害场所要求的劳动防护用品,能够起到危害防护的作用。
(2)劳动防护用品标识齐全,配备数量满足要求。
(3)劳动防护用品生产企业应具备相应生产资质。
(4)建立劳动防护用品发放台账。

(三)安全监督要点

(1)监督配备的劳动防护用品是否适用、可靠。
(2)监督采购的劳动防护用品标识是否齐全,配备数量是否满足要求。
(3)监督劳动防护用品生产企业是否具备相应生产资质。
(4)监督劳动防护用品是否按要求配发到员工,是否建立劳动防护用品发放台账。

四、职业病危害因素检测

(一)重要性

职业病危害因素检测主要是利用采样仪器和检验设备对生产过程中产生的职业病危害因素进行检验、识别与鉴定,掌握工作场所中职业病危害因素的性质、强度及其在时间、空间的分布情况。根据检测结果,通过劳动用品防护、改善工作场所环境、合理安排生产组织等手段,减少职业病危害因素对员工的伤害。

(二)基层管理要点

(1)制订职业危害作业场所检测与评价计划,按计划由具备相应资质的机构进行检测和评价。
(2)作业场所职业病危害因素强度或浓度应符合 GBZ 2.1 和 GBZ 2.2 的要求。
(3)将职业病危害因素检测和评价结果在作业场所设立警示标识,告知作业员工。
(4)职业病危害因素检测和评价结果录入到 HSE 信息系统。
(5)对不符合要求的职业病危害场所进行治理,保证作业场所工作条件满足要求。

（三）安全监督要点

（1）监督职业危害作业场所是否进行了检测与评价，是否对不符合要求的职业病危害场所进行了治理。

（2）监督职业危害作业场所检测与评价是否由具备资质的机构进行。

（3）监督职业病危害因素检测和评价结果是否进行了目视化，是否告知了作业员工。

（4）监督职业病危害因素检测和评价结果是否录入到HSE信息系统。

五、思考题

（1）物探队职业健康管理的监督要点有哪些？

（2）如何针对职业健康体检和职业病危害因素检测进行监督？

第八节　事故、事件报告与分析

基层单位应对发生的事故、事件按规定进行及时报告、处置，并对事故、事件进行分析，查找事故、事件原因，制订预防和控制措施，杜绝事故事件的重复发生。

一、事故、事件报告、处置

基层单位在发生事故、事件时按照国家、企业相关规定及时进行报告和处置。

（一）重要性

事故、事件的及时报告和有效处置可以使事故、事件造成的人员伤害、财产损失和环境破坏减少到最小程度。

（二）基层管理要点

（1）强化事故、事件的分类和分级的管理。

（2）明确事故、事件上报的时限和流程。

（3）掌握事故、事件的现场处置程序。

（三）监督要点

（1）监督相关人员对事故、事件分类、分级的掌握情况。

（2）监督相关人员对事故、事件上报的时限的了解情况。

（3）监督事故、事件是否按流程进行上报。

（4）监督事故、事件现场处置程序是否科学合理。

（5）监督基层单位发生事故、事件时是否能够有效实施现场处置程序。

二、事故、事件原因分析和通报

发生的事故、事件应当按照 HSE 管理体系要素要求，深入查找管理方面存在的问题，按规定进行原因分析和内部通报。

（一）重要性

查找事故、事件发生的根本原因，研究事件发生规律，提出预防措施，为进一步完善和制定相应规章制度提供依据。

（二）基层管理要点

（1）加强事故、事件分析，重点分析事故、事件涉及的范围，找出真正的原因；事故、事件分析应有相关人员参加。

（2）事故、事件分析报告内部通报要有记录。

（三）监督要点

（1）监督事故、事件分析范围是否合理。

（2）监督事故、事件分析组织调查人员是否符合要求。

（3）监督事故、事件分析报告是否进行了内部通报。

（4）监督物探队员工对事故、事件分析报告知晓情况。

三、思考题

物探队事故事件管理的监督要点有哪些？

第四章 物探专业安全技术与方法

本章主要介绍陆上物探作业施工专用机械设备、电气安全、防火防爆、防雷防静电的安全技术和常用 HSE 管理工具方法。从技术要求、管理要点和工具方法等方面有效控制各种风险,实现源头控制。

第一节 机械安全

本节主要介绍陆上物探作业施工专用机械设备的安全技术要求和管理要点,包括可控震源、车载钻机、人抬化钻机和推土机。

一、可控震源

可控震源是集机械、液压、电子及电气自动控制技术于一体,采用单独设计的专用承载底盘,将电子箱体发出的电信号转换为液压信号,进而控制震源重锤运动,产生连续机械震动地震波的一种用于地质勘探的高分辨率、高效率、高精度的环保型勘探设备,主要由电子控制、动力系统、液压振动系统、液压驱动系统、电器及辅助系统等组成。目前物探作业主要使用可控震源型号包括 BV620LF、EV56、KZ34、MINI28 等,型号虽有不同,但操作使用维护过程中面临的主要风险基本一致,主要包括物体打击、机械伤害、坠落、烫伤、噪声、火灾、交通等。

(一)操作前检查与安全要点

(1)检查龙门架、安全警示标识等 HSE 设施是否完好。

(2)检查可控震源扶手、扶梯、维修平台、挡风玻璃、后视镜及驾驶室内是否完好。

(3)检查动力系统。包括油水、油路管线、电路电线(电瓶及连接线路)、皮带等部件是否完好。

(4)检查电子控制系统、电器及辅助系统是否完好。

(5)检查液压系统,包括振动系统、驱动系统、提升系统是否完好。

(6)检查轮胎是否完好。

(二)启动后检查与安全要点

(1)检查可控震源全车灯光是否完好。

（2）检查发动机油路管线是否完好。

（3）检查全车液压系统是否完好。

（4）检查震源喇叭及倒车蜂鸣器是否完好。

（5）检查震源停车制动、行车制动是否完好。

（三）施工中操作安全管理要点

1. 操作安全技术要求

（1）操作人员应严格遵守可控震源操作规程，杜绝违章操作。

（2）搬点行车各车之间距离应大于 5m。

（3）不应在坡度大于 30°的坡道停车。

（4）震源启动状态下 10m 以内不应有闲杂人员。

（5）带点人员服装应有反光标识，带点人员距离震源车应保持 15m 以上。

（6）震源升压状态下 15m 以内禁止人员进入。

（7）震源启动前应逆时针围绕车辆进行检查，起步时应先鸣笛。

（8）严禁人员在可控震源周边及车下乘凉、休息、睡觉。

（9）复杂地形施工严禁私自开辟行车路线，严格按照规定路线行驶。

（10）坡道施工震源处于工作状态时，必须使用停车制动，严禁操作人员离开驾驶室。

（11）震源复杂地形、夜间等特殊时段倒车必须有人指挥，严禁在无人指挥的状况下私自倒车。

（12）震源过窄桥、水渠时严禁盲目通过，必须在确认承重大于震源自重后通过。

（13）冲沟、河道施工结束后严禁将震源停放在冲沟、河道内，应将震源停放指定的安全位置。

（14）可控震源穿越公路时必须在警戒到位、操作人员接到现场指令后方可通过。

（15）震源行车过程中严禁人员上下车。

2. 振动过程施工安全管理要点

（1）BV620—LF 型可控震源最大爬坡度 60%，制动距离小于 12m（25km/h），最高车速越野 12.5km/h，公路 25km/h，额定振动出力 276kN，最大振幅极限频率 3Hz。

（2）EV56 型可控震源：长 10.1m，宽 3.38m，高 3.6m，整车重量 32.5t，纵向通过半径 5.25m，转弯半径小于 10m，最大爬坡度 60%，制动距离小于 12m（25km/h），最高车速越野 12.5km/h，公路 26km/h，额定振动出力 249kN，振幅频率 3Hz。

（3）KZ34 型可控震源：长 10.630m，宽 3.435 m，高 3.435 m，整车重量 42.5t，峰值振动出力 390kN，振动频率范围 6~200Hz。

（4）MINI28型可控震源：长8.8m，宽2.3m，高3.1m，整车重量32t，峰值振动出力390kN，振动频率范围6～200Hz。

（5）AHV362型可控震源：长8.8m，宽2.3m，高3.1m，整车重量32t，最高车速公路26km/h，峰值振动出力275kN，振动频率范围5～250Hz。

3.液压部分安全技术要点

（1）BV620—LF型可控震源：振动系统高压3150psi，振动高压储能器压力1500psi（1psi=6.89kPa）。

（2）EV56型可控震源：振动系统高压3150psi，振动高压储能器压力1500psi。

（3）KZ34型可控震源：振动系统一级高压2600psi，二级高压3500psi，振动高压储能器压力1700～1785psi，提升系统压力2600psi。

（4）MINI28型可控震源：振动系统一级高压2300psi，二级高压3400psi，振动高压储能器压力1600～1740psi。

（5）AHV362型可控震源：振动系统一级高压2300psi，二级高压3400psi，振动高压储能器压力1600～1740psi。

（四）熄火后检查与安全管理要点

（1）检查总电源是否关闭。总电源未关闭易导致火灾造成设备损坏或人员伤害，发现问题应及时关闭总电源并对操作人员进行安全教育。

（2）检查是否使用停车制动、平板是否落下。未使用停车制动、平板未落下，可控震源易出现溜车现场，导致交通事故造成设备损坏或人员伤害。发现问题应及时整改并对操作人员进行安全教育。

（五）可控震源维修安全管理要点

（1）维修人员按照标准正确穿戴安全帽、长袖工服、线手套、防砸鞋等个人防护用品。

（2）主修人员保管可控震源启动钥匙，防止他人启动震源造成人员伤害和设备损坏，待维修结束、作业现场清理、维修人员已撤离至安全位置，并确保可控震源附近无人时将钥匙交给操作人员启动震源试车。

（3）维修用的工器具及配件应放到指定的安全地点，严禁放在震源维修平台上，防止工具、配件滑落砸伤过往人员，同时也防止绊倒过往维修人员造成跌落伤害。

（4）维修液压系统、更换发动机机油等产生废油水的维修作业时，应在地面铺垫塑料布或采取其他防漏油措施，并收集废油废液交由地震队统一处理，防止造成环境污染。

（5）严禁在可控震源升压状态下进行震源维修作业，防止造成人员高压伤害。

（6）维修作业时要正确使用维修机具，防止因误操作伤害自己或伤害他人。

（7）维修作业前应组织相应的维修作业程序再学习，以确保作业人员掌握并严格按照作业程序实施作业。没有作业程序的应组织开展工作安全分析，风险得到有效控制后实施作业。

（8）可控震源储能器检查/补充氮气作业时，要确认充装的气瓶为黑色专用氮气瓶，并对氮气瓶的外观、压力表、安全阀等进行检查，防止误充装其他气体发生爆炸造成人员伤害。检查氮气瓶的压力值（必须高于高压氮气瓶的压力）；检查氮气压力之前，必须保证震源发动机熄火 30~60min 以上。充装氮气、安装、移除充氮工具过程中，双脚要在氮气瓶旁的防滑工作平台踩实踩稳。充氮作业之前，要仔细检查充氮工具安装是否可靠并检查软管连接的有效性。

（9）可控震源轮胎拆解/组装作业轮胎充气时，严禁使用手指涂抹润滑剂，防止夹伤手。在拆卸和安装轮胎时，作业人员之间要相互配合沟通，多名作业人员通力协作，利用正确的搬运姿势和工具，避免造成人员伤害。拆卸、紧固轮辋连接螺栓时，要将套筒完全套入螺栓，卡稳卡牢后再实施作业，防止套筒滑落造成人员伤害。

（10）可控震源轮胎更换作业时，要确认千斤顶工作正常，防止千斤顶内泄造成人员伤害和设备损坏。要对作业环境进行评估，确保作业现场满足该作业，防止实施作业时发生震源侧翻造成人员伤害和设备损坏。要使用保险凳，防止作业时发生震源侧翻造成人员伤害和设备损坏。

（11）可控震源变速箱油封更换作业时，拆卸或安装传动轴由两名维修人员配合作业，运用正确的搬运姿势进行搬运，防止人员砸伤。将扳手完全套入螺栓底部，卡稳卡牢后再实施作业，以防止扳手滑落造成人员磕碰伤。

（12）可控震源发动机冷却液更换作业时，应停机半小时以上，待冷却液充分冷却后再开始作业，防止人员烫伤。排干或加注冷却液时，双脚站稳、踩稳，防止坠落伤害。

（13）可控震源机油、机油滤芯更换作业时，停机 0.5h 以上，待机油充分冷却后再实施作业，防止人员烫伤。更换机油滤芯或加注机油时，双脚在防滑平台上踩实站稳、双手扶好发动机后再实施作业。要将链条扳手卡稳卡牢后再实施作业，以防止链条扳手滑落造成人员磕碰伤。

（14）可控震源发动机空滤器滤芯清洁、更换作业时，要佩戴防尘口罩，避免吸入灰尘影响身体健康。安装或取出空气滤芯时，双脚在防滑平台上踩实站稳，预防坠落伤害。

（15）可控震源震动泵总成更换作业时，应开具作业许可，作业人员应与吊车操作人员提前做好沟通，明确指挥手势，吊车操作人员和作业人员统一听现场指挥人员的信号作业，必须待其他作业人员到达安全位置后才实施吊装作业，防止造成人员伤害。

（16）可控震源提升油缸总成更换作业时，应开具作业许可，作业人员应与吊车操作人员提前做好沟通，明确指挥手势；吊车操作人员和作业人员统一听现场指挥人员的信号作业，必须待其他作业人员到达安全位置后才实施吊装作业，防止造成人员伤害。

二、钻机作业安全

（一）人抬化钻机

人抬化钻机由井架总成、主机总成、空压机总成、机油散热器总成、动力头总成、浅孔冲击器、钻头、液压系统组成。钻井过程中存在物体打击、机械伤害、粉尘、火灾、环境污染等危害因素，因此在人抬化钻机使用过程中，对设备本身、使用、维修和搬迁过程中应掌握以下要点。

1. 人抬化钻机管理要点

（1）防护装置、链轮、油管、油位、空压机胶管开关和发动机熄火开关应状态完好。

（2）启动后应检查减压阀仪表和放气开关及胶管，确保正常。

2. 现场作业管理要点

（1）作业前要修建钻井平台，机器摆放平稳安全。

（2）人员工作位置避开断崖、陡坡等危险区域。

（3）正确穿戴劳保用品（安全帽、工作服、工作鞋、手套、口罩等）。

（4）有外来人员警戒在 5m 外，并进行安全提示。

（5）备用工具、钻杆、油桶、水桶等须距作业现场 5m 以外，归类摆放整齐，不影响人员走动。

（6）风管连接处使用防脱链。

（7）供油桶距离机器不小于 2m，供油管禁止穿越皮带的一侧，禁止供油管直接插入油桶供油，必须使用快速接头（防回火装置）；电瓶距离机器大于 1m。

（8）供油桶要避开电瓶，不能放在排气管后方，作业现场 30m 内禁止吸烟动火。

（9）使用防静电背包背油，背油桶燃油留有 5cm 以上的膨胀空间，油桶无渗漏。

（10）维修钻机禁止使用汽油清洗配件，废油回收，禁止污染地面。

（11）不得使用管钳等其他工具代替垫叉。严禁在动力头旋转时手扶钻杆。

3. 搬迁安全管理要点

（1）抬运工对搬迁路线进行踏勘和选择，避开危险地段，开辟路线（包括砍伐植物、道路修筑），便于搬迁时人员行走，较陡坡路要修筑台阶，危险地段采取有效保护措施。

（2）搬迁时按最小单元进行，不可解体的部件重量低于35kg时可以采取单人背、扛的形式搬运；超过35kg时必须两人抬运；抬运或单人背运站立时必须有人协助。

（3）空压机、发动机、操作台、井架分7次抬运，其他设施分次搬运。

（4）两人抬运时使用木杠，钻机部件用绳索固定到杠子上，防止滑脱。抬运时人员要手持支撑木棍，用于保持平衡和抬运间的短时休息。

（5）山势陡峭或上下断崖抬运比较困难、绕路太远时，可采取吊拉的方式。上坡时，人员先上到坡顶，然后将两根绳索抛下，绳索固定到搬运物和杠子上，两人左右抬起，上面3～4人向上拉；下坡时，将绳索固定到搬运物及杠子上，两人左右抬起，上面3～4人缓慢向下放。

（6）抬运或采取上拉搬运时物体要在抬杠上固定牢靠，防止滑脱。上拉时要保证绳索与设备、抬杠连接牢固，设备下方不得有人推、托。

（7）搬运时速度要适当，注意休息，不得疲劳作业。

（8）下雨或雨后道路湿滑不得进行危险地段的搬迁作业。

（9）搬运两个及以上零散物件时，要将物件捆绑固定好。

（二）车载钻机

车载钻机是用于物探钻井作业的机械设备，这类钻机一般是由动力系统、分动箱、空压机（钻井泵）系统、液压系统（有的类型没有）、传动系统、操作系统、提升装置、井架、动力头、气控系统、钻具等部分组成。在钻井作业中存在机械伤害、物体打击、高压触电等危害因素，因此在车载钻机使用过程中，对设备本身、使用、维修和搬迁过程中应掌握以下要点，做到安全作业。

1. 车载钻机设备管理要点

（1）钻井泵、安全阀、液压泵、液压马达、高压管、传动链、液压油表和管路正常。

（2）转动和传动部位的防护罩齐全、可靠。

（3）钻具、工具齐全、完好。

（4）钻机车按要求打好千斤腿，锁好保险销，接地链有效接地。

2. 车载钻机现场作业管理要点

（1）钻机停放距电线水平距离不低于25m，远离断崖、易坍塌等危险区域，冲沟内钻井作业时，车头朝外。

（2）钻机井架上有当心触电、当心坠物等警示、提示标志牌。

（3）钻机驾驶室无吸烟现象（炸药箱载有炸药时，禁止携带烟、火、手机）。

（4）风挡玻璃处无杂物，驾驶室无影响驾驶的物品（工具、杂物固定）。

（5）钻机安全设施是否齐全有效（安全带、灭火器、掩木、急救包、接地带、炸药箱等）。

（6）井架链条防护罩、钻井泵防护网、井口易装卸的防尘罩等是否齐全有效。

（7）钻机操作台（仪表台）保持干净整洁，钻机部分无漏油现象。

（8）钻机作业时必须使用千斤腿，井架必须使用两个锁销；钻机停放正确使用掩木。

（9）作业时人员站位必须在安全位置，工具摆放整齐、安全。

（10）对外来人员进行安全提示（8m外）。

（11）钻机离开5m外后方可下药。

（12）钻机搬点时必须放倒井架。

3. 现场维修管理要点

（1）维修人员必须正确穿戴劳保用品。

（2）严禁运转状态下进行钻机维修，维修时钻机必须熄火。

（3）攀高维修必须使用登高安全吊带和有专人监护，超过2m高度应办理作业许可。

（4）禁止在高低压线下等危险地带进行维修作业。

三、推土机作业安全

推土机是石油勘探的重点设备，担负着沙漠推路、野外救援、设备搬迁、拖运等任务，其安全运行对项目的成功运作起着十分重要的作用。在推土作业中存在机械伤害、掩埋、噪声、粉尘、烫伤等危害因素，因此在推土机使用过程中，对设备本身的使用、维修和搬迁过程中应掌握以下要点，做到安全作业。

1. 推土机设备管理要点

（1）即将启动时，对发动机、传动系统、机油、水箱、液压系统、电瓶、主被动轮、履带螺栓、销钉、报警指示系统进行检查，确保完好方可启动发动机。

（2）如果启动开关或操作杆上贴有"勿操作"或类似的警告标签时，请勿启动发动机或移动任何操作杆。

（3）推土机发动机运转时，严禁拆卸水箱盖，严禁拆卸油管和液压油箱盖，使用物体避开或严禁靠近正在高速运转的风扇，不要接近发动机排气管。

2. 现场作业安全要点

（1）在启动推土机或开始开动推土机之前，要先确认机上、机下无人或无人靠近推土机。保证要动机的地方无人。推土机启动后，未经操作手许可，禁止任何人登上推土机。

（2）按照任务书的工作要求开辟道路，推路过程中观察带点人员的手势信号的提示，只接受并执行一个人的信号指令；如果发现其他人参与指挥，突然发出紧急、异常的手势、信号，立即停止推路，询问确认情况后方可继续施工，不可以忽略其他人的提示。

(3)陡峭危险地形作业时应先下车观察,在有人指挥的情况下作业,指挥人员应远离推土机10m以外。

(4)推土机作业时,周围15m以内不应有人员围观。

(5)在推土机工作间隙,人员不应在推土机前方或周围10m以内休息。操作手离开推土机时或一个阶段工作结束后,应将平铲落放地面,并关掉电源、挂空挡位置;取走钥匙,操作手必须完全掌控推土机。

(6)推土机在山地地形移动行走时,尤其是上下坡行走时,要注意安全,防止翻车,建议行走的山坡坡度不超过30°。

(7)禁止长时间倒行。

3. 长途搬迁安全要点

(1)长途运输推土机前,应提前规划,选好行驶路线,尽量避开厂矿、村庄人员密集场所以及窄路、窄桥等路段。应调查行驶路线上的通过尺寸,确保被运输的推土机有足够的通过空间。指挥平板车缓慢通过。

(2)推土机长途运输必须遵守国家和地方关于限制货物超重、超宽、超高的规定。

(3)推土机装车前必须清除装运平台和卡车平板上的打滑的物料,牢靠地系紧推土机。

(4)上下平板必须有专人指挥。平板车托运推土机必须有专人押运,车上备有绝缘杆;在通过隧道、桥梁涵洞及架空线路等特殊路段之前,应下来先检查推土机的通过程度,根据情况做出正确处置。

(5)推土机在长途运输过程中,司机应视情况停车进行检查。在运输过程中,应严格控制车速,一般不应超过60km/h。在过村庄、集镇等人口密集区公路时,不应超过20km/h。

四、思考题

(1)物探专业所涉及的机械安全包括哪些方面?

(2)作为一名监督,在机械安全管理方面应该关注哪些内容?如何实施监督?

第二节 电气安全

物探作业主要涉及发配电、充电、临时营地电路敷设等电气安全,存在触电、火灾、爆炸等危害因素,因此,加强用电安全管理尤为重要。

一、发电机

发电机发电主要涉及发电机组和储油罐,作业过程中主要存在触电、噪声、火灾、爆炸、环境污染等危害因素。

（一）设备安全要点

1. 发电机组

（1）发电机组场地应设置安全警示标识。

（2）发电机组周围不应有易燃易爆物品，固定式发电机排烟管应伸到墙体外，排烟管支撑物不允许为木质等易燃材料。

（3）发电机组应安装稳固，支撑面应水平，有防移动、防震动措施。

（4）发电机组应设置防雨、防晒棚，交流电机和励磁机组应加罩或有外壳。

（5）保持清洁，有防尘、散热措施，有防火、防触电安全标志。

（6）接线盒要密封，绝缘良好。

（7）85kW及以上的发电机组应有相应的过流和速断保护。

（8）严禁发电机超负荷运行。

（9）启动用蓄电池应安装在邻近启动马达的地方，使用截面不小于70mm^2的软铜导线连接。

（10）发电机组应装接地线，接地电阻不大于4Ω。

（11）机组滑架下应安装废油、废水收集装置。

（12）存放启动用蓄电池的房间应通风良好。

2. 储油罐

（1）储油罐与发电机的安全距离不小于5m，阀门无渗漏，罐盖要随时上锁，并有专人管理。

（2）储油罐应安装接地线，接地电阻不大于10Ω。

（3）储油罐无渗漏、无油污。

（4）油泵、抽油机、输油管等工具配置齐全，有防尘措施。

（5）储油罐下端应加装溢油池，容积不小于油罐容积的1.1倍。

（6）油泵、抽油机、金属输油管都应可靠接地。

（7）各种油品分号存放。

（二）现场作业安全要点

（1）操作人员应穿长袖工作服、绝缘鞋，长发应束缚在工作帽中，佩戴噪声防护用品。

（2）具有外电和自备发电机组双回路供电时，为防止两路电源的错误并列和反送电，应按照Q/SY BGP·G0223执行操作票制度。对不允许并列的，其断路器、隔离开关等应加装电气联锁和机械连锁装置。

（3）开机前应检查燃油、机油、润滑油、冷却水,确保满足开机条件。

（4）带有发电机投励开关的机组,开机前应断开投励开关。

（5）机组每次启动不得超过5s,若连续启动三次不成功,应查明原因,排除故障后再行启动。

（6）机组启动成功后应怠速运转,使油、水温达到30℃以上时方可加速。

（7）启动前所有电气开关及调节旋钮应位于停机位置。

（8）仪器发电机应由仪器车司机负责操作。启动发电机前,应接好地线并测试,接地电阻不应大于4Ω;不应在仪器车内使用与工作不相关的电气设备。

(三)检修作业时安全要求

（1）检修发电机设备、线路时,应在发电机停机状态下进行,电力输出开关处于关闭状态。如需要在发电机运行下检修发电机线路必须是专业电工进行。

（2）发电机检修时,应实行上锁挂签制度。

（3）当开关跳闸或熔断器的熔体溶断后,应先查明原因、排除故障,并确认电气装置已恢复正常后方可重新接通电源、继续使用。更换熔体时不应任意改变熔断器的熔体规格或用其他导线代替。

（4）发电机/组待机时的日常巡检与维护内容。

① 检查柴油机组无漏油、漏水现象,油罐、油箱及输油管无渗漏,机组外观无残缺,发现问题应及时处理。

② 柴油、机油油位和冷却液液位在标尺上下限之间。

③ 机油泵、输油泵、启动马达正常。

④ 按照机组说明书按时更换机油、冷却液及过滤器滤芯。

⑤ 检查启动用蓄电池电压和比重符合说明书中规定的使用要求。

（5）发电机检修完后应按要求填写维修保养记录。

二、充电房

(一)电路敷设安全要求

（1）充电机房配电箱应安装在充电房门口位置,便于操作。

（2）充电机外接电缆如果埋设地下,埋设深度应大于0.3m,穿越车道应有防车辆碾压设施,埋设沿线应设标记。

（3）普通充电机电源线应采用四芯(三相)电缆线或塑料护套软线,电源线不允许有接头,且长度不宜超过30m,截面应符合充电机要求。

（4）在同一工作场所安装 5 台以上智能充电机，应安装配电箱，充电机应使用空气开关或 16A 以上插座。

（二）充电机安全要求

（1）普通充电机安全应满足以下要求：

① 充电机应并排摆放，实行"一机一闸"制，不应用同一开关直接控制两台及两台以上充电机。

② 充电房应架设悬挂充电电缆的辅助绳，辅助绳距地面高度不低于 1.7m，辅助绳宜采用绝缘材料。

③ 充电时，应将蓄电池的正、负极分别与充电机直流电源的正、负极相接，接通电源开关，调整电流至规定值，进行充电，充电电压应不超过充电机电压的额定值。

（2）智能充电机安全应满足以下要求：

① 蓄电池残余电压不允许低于 6V。

② 充电机置于阴凉、干燥、无粉尘、无强腐蚀性气体的环境中，保持通风良好，距离墙壁应大于 20cm。

③ 充电机不使用时应切断电源。

④ 同一单元不应串、并联两块及以上的蓄电池。

（三）充电作业安全要求

（1）充电房通风良好，地面平整，地面上应铺设绝缘胶皮。如果采用帐篷作为充电房，帐篷搭建应稳固、牢靠。

（2）充电机房配电箱应安装在充电房门口位置，便于操作。

（3）充电房周围应悬挂"注意安全、禁止烟火、当心触电、严禁吸烟、闲人免进"等安全警告标志牌。

（4）应按照 Q/SY BGP·0237 的要求，通过计算配备相应数量的 ABC 类干粉灭火器。

（5）充电房内应悬挂或张贴充电操作规程、充电房管理制度。

（6）充电房应保持干净、干燥，不允许堆放易燃物品和杂物。

（7）充电房电瓶摆放按已充区、待充区、充电区三个区块划分，每个区域电瓶摆放应整齐排列，中间设置不小于 0.8m 的安全通道。

（8）充电用品如充电夹、蒸馏水、电解液容器、硫酸要单独摆放，不应和电瓶摆放在一起。

（9）充电房电器、充电装置符合绝缘要求，无破损、裸漏和老化隐患，不应在充电机和配电箱上摆放任何物品。

（10）充电房应配备防腐蚀手套、防护眼镜、应急洗眼台、洗眼液和防腐围裙等。

（11）加装电解液时，电解液应高出隔板10~15mm。

（12）充电设备、电气线路安装、维护应由专业电工负责。

三、临时营地电路敷设

（一）功能区布局设计

（1）发配电站应设在距离居住区50m以外的地方，10kW以下的发电机距离居住区的安全距离可适当减小，但不应小于20m。

（2）电茶炉由专业电工按照说明书进行负荷计算，按规范进行电路敷设，并做好电茶炉的外壳防护和漏电保护。

（二）线路敷设要求

1. 配电箱、开关箱安全要求

（1）配电系统宜设配电柜或总配电箱、分配电箱、开关箱，实行三级配电。一、二级配电箱应上锁。

（2）总配电箱应设在靠近电源的区域，分配电箱应设在用电设备或负荷相对集中的区域，分配电箱与开关箱的距离不宜超过30m，开关与其控制的固定式用电设备的水平距离不宜超过3m。

（3）每台用电设备应有各自单独的开关，不允许用同一个开关直接控制2台及2台以上用电设备（含插座）。

（4）动力配电箱与照明配电箱宜分别设置，当合并设置为同一配电箱时，动力和照明应分路配电。

（5）配电箱、开关箱应装设在干燥、通风及常温场所，不应装设在有严重损伤作用的瓦斯、烟气、潮气及其他有害介质中，不应装设在易受外来固体物撞击、强烈振动、液体浸溅及热源烘烤场所。

（6）配电箱、开关箱应装设端正、牢固。固定式配电箱、开关箱的中心点与地面的垂直距离应为1.4~1.6m；移动式配电箱、开关箱应装设在坚固、稳定的支架上，其中心点与地面的垂直距离宜为0.8~1.6m；安装在室外的应有防雨、防尘、防潮措施。

（7）配电箱、开关箱内的电器（含插座）应按其规定位置紧固在电器安装板上，不应歪斜和松动。

（8）配电箱的电器安装板上应分设N线端子板和PE线端子板。N线端子板应与金属电器安装板绝缘；PE线端子板应与金属电器安装板做电气连接。

（9）安装在室外的配电箱、开关箱中导线的进线口和出线口应设在箱体的下底面。

（10）配电箱、开关箱的金属门应与箱体作等电位连接。

2. 插座安装与使用安全要求

（1）固定插座的选择和安装应与用电设备、工具和线路的负荷、电压相适应；移动式多孔插座，只能用于控制最高负荷不超过 2kW 的用电设备和 0.5kW 以下的电动机。

（2）不同电压等级的插座应有明显的区别。

（3）两孔插座只能用于不需要保护的场所。横向安装时左侧接零线，右侧接相线；纵向安装时下方接零线，上方接相线。

（4）三孔插座用于 220V 需要 PE 保护的场所。安装时上孔接 PE 线，左侧接零线，右侧接相线，零线和 PE 线不允许共用一根线。

（5）四孔插座只能用于 380V 用电设备，安装时上孔只允许接地线。

（6）插座应装在离地面 0.3m 以上固定的地方，不应将多用插座拖放在地面上使用，不允许以电线吊用，不应将电源线接在插头上或直接将电线插入插座使用。

① 所选插座应保证各孔相互不会混插，接 PE 线的插头应长于其他插头。

② 在插拔插头时人体不允许接触导电极，不应对电源线施加拉力。

③ 插座装在露天时，应有防雨措施。

3. 照明灯具安全要求

（1）220V 照明灯具离地面高度应符合：潮湿、危险场所和户外，不低于 2.5m；办公室、宿舍、帐篷等不低于 2m。

（2）局部照明及移动手提灯工作电压宜选用 36V 及以下的低电压。在管道、压力容器内，以及潮湿和水蒸气场合应选用 12V 以下低电压。

（3）露天的灯具、开关应采用防雨式安装并牢固可靠。

（4）不允许使用带插座的灯口，不允许用电线直接吊挂灯具，100W 以上白炽灯应采用瓷质灯口，厨房和浴室潮湿的地点应采用防潮灯具。

4. 电缆线路

（1）电缆线中应包含全部工作芯线和用作保护线的芯线。需要三相五线制配电的电缆线路应采用五芯电缆。五芯电缆应包含淡蓝、绿、红、黄、绿/黄双色五种颜色绝缘芯线。淡蓝色芯线应用作 N 线，绿/黄双色芯线应用作 PE 线，黄、绿、红用作相线，不允许各种不同颜色的芯线混用。

（2）电缆截面的选择应根据其长期连续负荷允许载流量和允许电压偏移确定。

（3）电缆直接埋地敷设的深度不应小于 0.7m，临时性埋地电缆深度不小于 0.3m，并应在电缆线周围均匀敷设不小于50mm厚的细砂,然后覆盖砖或混凝土板等硬质保护层。

(4)埋地电缆在穿越建筑物、构筑物、道路或易受机械损伤、介质腐蚀场所时,以及引出地面0.2~2.0m高度范围内,应加设防护套管,防护套管内径不应小于电缆外径的1.5倍,并按每管1根加设。

(5)埋地电缆的接头应装设在接线盒内,接线盒应能防水、防尘、防机械损伤,远离易燃、易爆、易腐蚀场所。

(6)敷设电缆沟的地面上应设置走向标识和标示桩。

(7)架空电缆应沿电杆、支架或墙壁敷设,不允许沿树木或其他设施敷设,并采用绝缘子固定,绑扎线应采用绝缘线,固定点间距应保证电缆能承受自重所带来的荷载,敷设高度应符合架空线路敷设高度的要求,沿墙壁敷设时最大弧垂距地面应不小于2.0m。

(8)临时性电缆线路沿地面明设,应采取避免机械车辆碾压损伤和介质腐蚀的措施。

(9)电缆线路应有短路保护和过载保护,短路保护和过载保护电器与电缆的选配应符合规范要求。

(10)电缆相互接近时,10kV以下,最小净距值为0.1m,10~35kV之间时,最小净距值应不小于0.25m;不同部门使用的电缆(包括通信电缆),最小净距值为0.5m。

(11)电缆与热力管道平行时,其净距离应≥2m,交叉时净距离应≥0.5m;电缆与其他管道平行或交叉时净距离≥0.5m。

5. 架空线路

(1)架空线应架设在专用电杆上,严禁架设在树木及其他设施上。

(2)架空线导线截面的选择应符合下列要求:

① 导线中的计算负荷电流不大于其长期连续负荷允许载流量。

② 线路末端电压偏移不大于其额定电压的5%。

③ 单相线路的零线截面与相线截面相同。

④ 绝缘铜线截面不小于10mm^2,绝缘铝线截面不小于16mm^2。

⑤ 在跨越铁路、公路、河流,绝缘铜线截面不小于16mm^2,绝缘铝线截面不小于25mm^2。电力线路挡距内,架空线不得有接头。

(3)架空线路应设有短路保护。当采用熔断器做短路保护时,其熔体额定电流不应大于明敷绝缘导线长期连续负荷允许载流量的1.5倍。当采用断路器做短路保护时,其瞬动过流脱扣器脱扣电流整定值应小于线路末端单相短路电流。

(4)架空线路应有过载保护。当采用熔断器或断路器做过载保护时,绝缘导线长期连续负荷允许载流量不应小于熔断器熔体额定电流或断路器长延时过流脱扣器脱扣电流整定值的1.25倍。

（5）过路时对地高度应不低于6m。

（6）架空线路不应跨越易燃建筑的屋顶。

（7）电线杆与拉线夹角不小于45°，受环境制约时应不小于30°，拉线出地面部分应加保护套管并有明显标识。

（8）不同线路共杆时，低压线在高压线下方，10kV的直线杆两端间距不小于1m，通信广播线路在低压线路下方其间距不小于1.5m。低压线路多层排列时，直线杆层间距不小于0.6m，相邻导线间距不小于0.4m。

（9）不同电压，不同频率的导线不允许穿入同一金属管内。金属管内布线时管内及管口须光滑无毛刺并且可靠接零或接地。

（10）户内外明线装置导线穿过墙壁应用瓷管、钢管或塑料保护管保护，在两条线路交叉时，贴近敷设面的一条线路的导线上应套绝缘管。

6. 室内配线

（1）室内配线应采用绝缘导线或电缆。

（2）室内配线应根据配线类型采用瓷瓶、瓷（塑料）夹、嵌绝缘槽、穿管、桥架或钢索敷设。潮湿场所或埋地配线必须穿管敷设，管口和管接头应密封；当采用金属管敷设时，金属管必须做等电位连接，且应与PE线相连接。

（3）室内主干线距地面高度不得小于2.5m。

（4）架空进户线的室外端应采用绝缘子固定，过墙处应穿管保护，距地面高度不得小于2.5m，并应采取防雨措施。

（5）室内配线所用导线或电缆的截面应根据用电设备或线路的计算负荷确定，但铜线截面不应小于1.5mm^2，铝线截面不应小于2.5mm^2。

（6）室内配线与其他管线应保持安全间距见表4-1。

表4-1 室内配线与其他管线应保持安全间距

	平行	≥0.5
室内线路与蒸汽管线，m	平行	≥0.5
	交叉	≥0.3
室内线路与暖、热水管，m	平行	≥0.3
	交叉	≥0.1
室内线路与上下水管、压缩空气管线，m	平行	≥0.1
	交叉	≥0.05

（7）室内配线应有短路保护和过载保护，绝缘导线、电缆的选配应进行计算和选配。对穿管敷设的绝缘导线线路，其短路保护熔断器的熔体额定电流不应大于穿管绝缘导线长期

连续负荷允许载流量的2.5倍。

（8）帐篷用电及线路安全应符合以下要求：

① 帐篷照明灯具功率应不大于100W，且与帐篷布等易燃物应保持30cm以上的距离。

② 帐篷内电线应使用绝缘导线或护套线，采用瓷瓶、瓷夹或钢索明敷时，电线不允许与帐篷骨架相接触，采用嵌绝缘槽、穿管敷设时，绝缘槽、管线应选用阻燃或不燃材料。

③ 帐篷内插座、开关等应固定在骨架上或开关箱内，并固定牢靠。

④ 帐篷投入使用后，属地主管应经常性检查，发现电线绝缘胶皮磨损或有裂纹等，应立即切断电源，并进行处理。

（三）检修作业时安全要求

（1）检修用电设备、线路等，应断开电源开关，并实行"上锁挂签"制度。

（2）经维修后的电气装置在重新使用前，应确认其符合相应环境要求和使用等级要求。

（3）长期放置不用或新投入使用的电设备，应经过安全检查（线路外观和绝缘电阻测试）或试验后方可投入使用。

（4）当拆除电气装置时，应对其电源连接部位作妥善处理，不应留有任何可能带电的外露可导电部分。

（5）用电设备和电气线路的周围应留有足够的安全通道和工作空间。电气装置附近不应放置易燃、易爆和腐蚀性物品。不应在架空线上放置或悬挂物品。

（6）用电设备在暂停、停止使用、移动、发生故障或遇突然停电时均应及时切断电源，必要时应采取相应技术措施。

（7）当开关跳闸或熔断器的熔体溶断后，应先查明原因、排除故障，并确认电气装置已恢复正常后方可重新接通电源、继续使用。更换熔体时不应任意改变熔断器的熔体规格或用其他导线代替。

四、思考题

（1）物探专业所涉及的电气安全管理包括哪些方面？

（2）作为一名监督，在电气安全管理方面应该关注哪些内容？如何实施监督？

第三节　防火防爆

物探队作业涉及的防火防爆主要有民爆物品储存、使用、运输、清线、销毁；油品及天然气、液化气的储存、使用等，存在着火灾、爆炸等危害因素，因此，强化防火防爆安全技术要求尤为重要。

一、民爆物品防火防爆安全管理要点和方法

物探作业民爆物品库、炸药包制作与下药、井炮激发、工序清线、浅层折射与微测井作业及民爆物品管理的防火防爆内容,具体参见第二章相关管理要点和方法。

二、油品防火防爆安全管理要点和方法

物探作业中油品(临时加油点、小油品库)的防火防爆内容,具体参见第二章相关管理要点和方法。

三、营地防火防爆安全管理要点和方法

物探队营地宿舍、食堂、茶炉、机修场所、修线间、停车场等场所存在火灾、爆炸等危害因素,因此必须加强防火、防爆管理,杜绝发生意外。

(一)营地防火安全管理要点

(1)物探队有消防安全管理制度,落实消防安全责任制。明确消防安全重点部位和管理措施。

(2)按照 GB 50016《建筑设计防火规范》合理配备消防器材。根据各场所面积大小配备相应规格、数量且质量合格的灭火器材,灭火器设置在位置明显和便于取用的地点,不影响安全疏散,灭火器材贴挂检查卡(对灭火器每月要进行1次检查),对损坏的消防设施及时更换和维修。

(3)每个设置点的灭火器数量不少于2具,不多于5具。

(4)灭火器设置在室外时,有相应的防晒、防雨措施。

(5)灭火器设置稳固,其铭牌朝外。手提式灭火器要设置在灭火器箱内或挂钩、托架上,其顶部离地面高度不应大于1.50m;底部离地面高度不宜小于0.08m。

(6)灭火器严禁放置在潮湿或强腐蚀性的地点。当需要设置时,应有相应的保护措施。

(7)属地责任人对自己属地内的消防设施懂性能、懂用途、懂检查、懂使用。

(8)营地设置吸烟点,人员不得在除吸烟点以外的地点吸烟,禁止卧床吸烟,烟灰缸内不得有易燃杂物。

(9)野外做饭应使用防火板,严禁烟火地带,施工人员不得吸烟动火,车辆、钻机加装防火帽。

(二)食堂液化气安全管理要点

(1)每次操作前应检查灶具是否有漏气情况(燃气管固定场所一年更换一次,临时场所每项目更换一次)。

(2)先接通风机电源,保障风机能正常运转,然后使用点火器进行点火,点火时,必须执行"火等气"的原则,千万不可"气等火"。

(3)每次操作完毕后,要先关闭厨房总供气阀门,再关闭各灶具阀门。

(三)气瓶安全管理要点

(1)从具备气瓶生产或气瓶充装许可证的厂家采购或充装气瓶,接收前应进行检查验收,对检查不合格的气瓶不得接收。

(2)气瓶使用单位应指定气瓶现场管理人员,分类存放,在接收气瓶时以及在气瓶使用过程中定期对气瓶的外表状态进行检查,并按照《中国石油天然气集团公司安全目视化管理规范》的有关要求,挂贴相应的标签。对有缺陷的气瓶,应与其他气瓶分开,并及时更换或报废。

(3)委托具有气瓶检验资质的机构对气瓶进行定期检验,检验周期符合规定。

(4)应定期对存储场所的用电设备、通风设备、气瓶搬运工具和栅栏、防火和防毒器具进行检查,发现问题及时处理。

(5)在每次更换液化气时要对液化气管采用肥皂水或洗洁精进行检查并填写检查记录卡。

(6)燃气灶台与液化气瓶距离1～2m之间、气瓶要有防撞胶圈,胶管两端连接处要使用专用卡子紧固。

(7)气焊动火作业前,检查防护帽、防撞胶圈是否齐全完好,气管无裂痕,接头使用专用卡子。

(8)用气焊动火作业时,氧气瓶与乙炔气瓶的间隔不小于5m,且乙炔气瓶严禁卧放,两者与动火作业地点距离不得小于10m,并不准在烈日下暴晒。作业人员离开现场时,应关闭阀门,清理现场。

四、思考题

(1)物探队防火防爆工作重点包括哪些方面?

(2)作为一名监督,在防火防爆管理方面应该关注哪些内容?如何实施监督?

第四节 防雷防静电

物探作业涉及防雷防静电场所主要有民爆库、油库(包括临时加油点)、野外现场施工的作业现场,这些地方极易引发爆炸、伤亡事故,应严格遵守国家和企业的相关防雷防静电规定。

一、民爆库防雷防静电的安全要点和方法。

（1）临时库应做防静电直接接地,接地电阻不应大于100Ω。存放雷管的箱体地面为木结构时,应铺设导电橡胶板或铅板。

（2）雷管库房外应设置静电释放器,静电释放器应做防静电直接接地,接地电阻不应大于100Ω。

（3）库区应设置独立避雷针,独立避雷针应有独立的接地装置,接地装置冲击接地电阻不应大于10Ω。

（4）避雷针接闪器宜采用圆钢或焊接钢管制成,其直径不应小于下列数值:

① 针长1m以下:采用直径不小于12mm的圆钢或直径不小于20mm的钢管;

② 针长1~2m:采用直径不小于16mm的圆钢或直径不小于25mm的钢管。

（5）避雷针引下线宜采用圆钢或扁钢,宜优先采用圆钢。圆钢直径不应小于8mm。扁钢截面不应小于$48mm^2$,厚度不应小于4mm。

（6）避雷针人工垂直接地体宜采用角钢、钢管或圆钢;人工水平接地体宜采用扁钢或圆钢。圆钢直径不应小于10mm;扁钢截面不应小于$100mm^2$,厚度不应小于4mm;角钢厚度不应小于4mm;钢管壁厚不应小于3.5mm。

（7）避雷针保护范围的计算采用滚球法,滚球半径取值为30m。

（8）避雷针与被保护物间的距离按照Q/SY 08313—2016《物探作业民爆物品安全管理规范》计算,但不应小于3m。

（9）静电释放接地装置宜与避雷针共用接地体。当不共用接地体时,接地体间的距离应大于5m。

二、油库防雷防静电的安全要点和方法。

（1）临时加油点应设在距离高压线30m以外,距离居住地100m以外的下风处,位置应安全、便利,设置安全标志,设隔离沟和避雷装置。

（2）临时加油点应采用防爆型电气设备和线路。临时加油点库区内不得有电气线路穿越,严禁带电检修电气线路和设备。

（3）临时加油点内不得使用移动电话等通信设备。

（4）罐体钢板壁厚小于4mm的,应设置避雷装置。

（5）储油罐应与大地可靠连接,接地电阻小于10Ω。

（6）接触油料人员应穿戴全套防静电劳保用品。

（7）临时加油点的危险爆炸区域应设立人体静电释放装置,接地电阻不应大于100Ω。

（8）加油枪管线应采用专用(带铜线)胶管,加油装置中的油枪、油管、油罐之间等电位连接应保持良好。

（9）卸油时，储油罐、卸油车辆之间应有可靠的等电位连接。

（10）专人收集保管加油人员的手机、火种等物品，负责检查加油车辆与等电位连线的连接，油罐接地、避雷设施、消防设施、防泄漏池的日常检查和维护。

（11）所有油品露天存放，应搭设遮阳棚或网，遮阳网不得选择容易产生静电的材料。抽油管和开桶工具需使用防静电的用品。

三、野外作业的防雷防静电要点和方法

（1）雷雨天严禁野外作业，收起天线，关闭所有电台和通信工具，不在易受雷击处避雨。

（2）雷雨天气应避开高大孤立树木和建筑物，在户外空旷处不宜进入孤立的棚屋，不得在山顶、断崖等高处停留。

（3）远离炸药、雷管、已下药井口及燃油储存区。

（4）当看到闪电几秒就听到雷声，证明自己正处于近雷暴的危险环境，此时应停止行走，双脚并拢立即下蹲，不要与别人拉在一起，最好使用雨衣等塑料雨具。

（5）如果在雷暴区，感到手、颈、头有蚂蚁行走感，头发竖起，说明将发生雷击，应赶紧将身体趴在地上，这样可以减少雷击危害，并拿去身上的金属饰品、发卡、项链等。

（6）严禁打伞、携带钻杆、爆炸杆等金属棍棒以及铁锹、镐头等物资。

（7）应选择低洼地带躲避，尽量做到低头、抱膝，但绝对不能在河道、冲沟、危险山体下躲藏。

（8）在雷雨天气中，不宜在雨中狂奔，因为身体的跨步越大，电压就越大，也越容易伤人。

（9）如果在户外看到高压线遭雷击断裂，此时应提高警惕，因为高压线断点附近存在跨步电压，身处附近的人此时千万不要跑动，而应双脚并拢，跳离现场。

第五节　常用工具方法

本节主要介绍工作安全分析、目视化管理、上锁挂签、安全观察与沟通、工作循环检查等 HSE 管理工具方法。物探作业现场开展 HSE 管理工具方法的应用，能够有效地控制施工作业风险，提高 HSE 管理能力，提升 HSE 业绩。

一、工作安全分析

工作安全分析（JSA）是指事先或定期对某项工作进行安全分析，识别危害因素，评价风险，并根据评价结果制订和实施相应的控制措施，达到最大限度消除或控制风险的方法。

(一)JSA 的应用范围

物探队实施 JSA 的范围包括但不限于：

（1）制修订作业指导书、操作程序、操作规程等标准操作文件前。

（2）新的作业（如果是低风险活动,并由有胜任能力的人员完成,可不作 JSA,但应对工作环境进行分析）。

（3）非常规、临时性作业。

（4）工艺、方法、物料、设备、工具、作业环境等因素发生变化的作业。

（5）需评估的现有作业。

(二)JSA 的管理流程实施步骤

JSA 流程如图 4-1 所示。

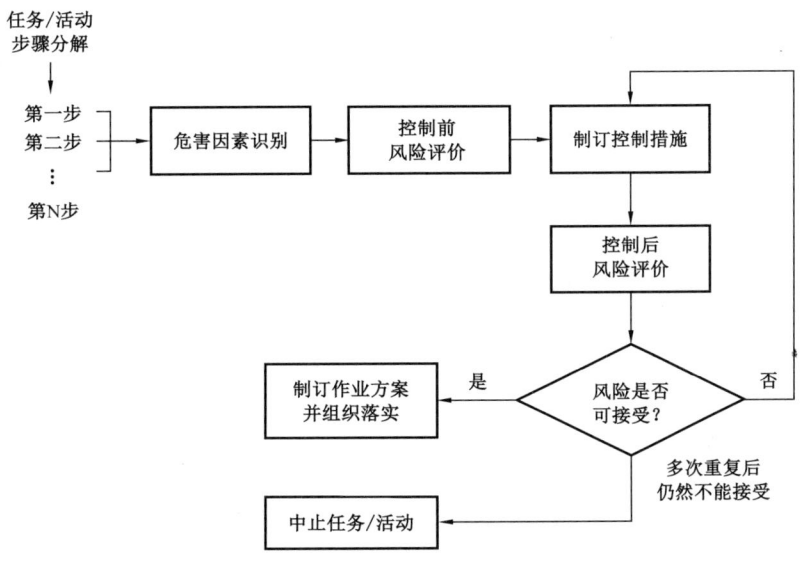

图 4-1　工作安全分析（JSA）流程图

（1）现场作业人员提出需要进行 JSA 的工作任务,基层单位负责人根据工作任务内容确定是否进行 JSA。

（2）基层单位负责人指定 JSA 小组组长,由组长选择熟悉 JSA 方法的管理、技术、安全、操作人员组成 JSA 小组。小组成员必须了解工作任务及所在区域的环境、设备和相关的操作规程。

（3）JSA 小组分解工作任务,搜集相关信息,实地考察工作现场,核查以下内容：

① 以前此项工作任务中出现的健康、安全、环境问题和事故；

② 工作中是否使用新设备；

③工作环境、空间、光线、空气流动、出口和入口等；

④实施此项工作任务的关键环节；

⑤实施此项工作任务的人员是否有足够的知识技能；

⑥是否需要作业许可及作业许可的类型；

⑦是否有严重影响本工作安全的交叉作业；

⑧其他。

（4）JSA小组识别该工作任务关键环节的危害及影响，并填写JSA表（表4-2）。识别危害时应充分考虑人员、设备、材料、环境、方法五个方面和正常、异常、紧急三种状态。

表4-2 工作安全分析表

单位名称：　　　　　　　　记录编号：　　　　　　　日期：

工作任务简述	工作任务类别	作业涉及的许可要求	参与工作安全分析人员					
	□新的工作任务 □已做过的工作任务	□作业许可　□特种作业 □其他行政许可						
工作步骤	危害因素描述	可能的后果及影响	现有的控制措施	风险评价			建议改进措施	控制后风险评价		
				发生可能性	后果严重性	风险区域和等级		发生可能性	后果严重性	风险区域和等级

（5）对关键活动或重要步骤存在的潜在危害进行风险评价。根据判别标准确定初始风险等级和风险是否可接受。风险评价应使用风险矩阵法。

（6）JSA小组应针对识别出的每个危害因素制订风险控制措施，将风险降低到可接受的范围。在选择风险控制措施时，应考虑控制措施的优先顺序。制订出所有危害因素的风险控制措施后，还应确定以下问题：

①是否全面有效地制订了所需的控制措施。

②对实施该项工作的人员还需要提出哪些要求。

③风险是否能得到有效控制，若工作任务风险无法接受，则应停止该工作任务，或者重新设定工作任务内容。

（7）在控制措施实施后，如果每个风险在可接受范围之内，并得到JSA小组成员的一致同意，可确定作业方案并进行作业前准备。

（8）需要办理作业许可证的作业活动，作业前应获得相应的作业许可，具体执行作业许可管理制度。需要形成作业程序的作业，应根据 JSA 结果，完善作业程序。

（9）作业前应召开班前会，进行有效的沟通，确保：

① 让参与此项工作的每个人理解完成该工作任务所涉及的活动细节及相应的风险、控制措施和每个人的分工及责任。

② 参与此项工作的人员进一步识别可能遗漏的危害因素。

③ 如果作业人员意见不一致，异议解决后，达成一致，方可作业。

④ 如果在实际工作中条件或者人员发生变化，或原先假设的条件不成立，则应对作业风险进行重新分析。

（10）实施作业。

① 在实际工作中应严格落实控制措施，做好作业过程的监督，特别要注意工作人员的变化和工作场所出现的新情况以及未识别出的危害。

② 任何人都有权利和责任停止他们认为不安全的或者风险没有得到有效控制的工作。

③ 如果作业过程中出现新的隐患或发生未遂事件和事故，应停止作业，审查 JSA 结论，重新进行 JSA。

④ 作业任务完成后，作业人员应进行总结，如果发现 JSA 过程中的缺陷和不足，应及时向 JSA 小组反馈，由 JSA 小组提出完善作业程序的建议。

（11）JSA 工作记录应妥善保管，相关信息录入中国石油 HSE 信息系统。

(三)思考题

物探队 JSA 工作监督时应该关注哪些内容？如何实施监督？

二、目视化管理

目视化管理是指通过安全色、标签、标牌等醒目的视觉识别标识，标示人员的资质和身份、设备设施和工用（器）具状态、办公场所和生产作业区域属地责任人等直观信息的方法，以提示相关风险和便于现场管理。

（一）分类

1. 人员目视化管理

（1）员工进入生产作业现场，应按照属地安全要求进行着装和穿戴劳动防护用品。外来人员进入生产作业场所，其劳保着装必须符合作业场所的安全要求。

（2）通过安全帽颜色和胸牌，对内部人员、外来人员、承包商人员、特殊岗位人员的身份和资质进行标示。管理人员安全帽为白色,安全监督管理人员安全帽为黄色,操作人员安全帽为红色,承包商员工安全帽为蓝色。

（3）基层管理人员和生产作业人员经 HSE 培训合格,由基层单位统一配发员工卡,特殊岗位作业员工应佩戴有特殊岗位标识的员工卡；外来人员进入作业现场前,经属地主管安全提示后发放嘉宾来访证；以上胸卡由公司统一样式,基层单位印制发放并统一佩戴于醒目位置。接待、餐饮和医疗服务员工的员工卡参照行业相关规定执行。

（4）员工卡的编号规则采用公司英文简称、二级单位字母缩写、基层单位缩写、班组缩写和员工编号相组合的方式。

（5）从事涉爆、金属焊接切割、机动车驾驶、吊装、电工、司炉、电梯等作业及危险化学品使用与运输的人员,必须持有有效的特种作业资格证书,并经本单位内部 HSE 培训,考核验证合格后发放特殊岗位标识员工卡,方可从事相应的工作。

（6）基层管理人员和特殊岗位作业人员胸卡应粘贴本人照片。

（7）作业现场兼职 HSE 管理员应佩戴袖标。

2. 设备设施目视化管理

（1）设备设施目视化管理范围包括各单位生产和生活设备设施,内容包括设备属地卡、设备状态指示牌、控制开关(包括按钮、指示装置)的控制对象或提示、安全提示牌、操作中的劳保穿戴标志、警示标志等内容。

（2）设备属地卡应设置在设备醒目位置。对因误操作可能造成严重危害的设备设施,应在其旁设置有安全操作注意事项的安全提示牌。

（3）特种设备,应在设备本体醒目处粘贴检验合格证明,室内应使用原件,室外可使用复印件。

（4）基层单位各种车辆(包括租用的车辆),应在车内醒目位置张贴限速规定、禁烟标识和系安全带提示标识。载人卡车大箱座位应编号,人员座位相对固定,并在大箱靠近登车梯的位置标注随车安全员专用座位。

（5）在固定生产区域或站库内,管线、阀门应按相关规定要求着色,在工艺管线上标明介质名称和流向,或通过在管廊下方设置标牌标明介质名称和流向,并在控制阀门上悬挂含有设备位号(编号)等基本信息的标签。

（6）在仪表控制及指示装置上应标注控制按钮、开关、显示仪的名称。厂房或控制室内用于照明、通风、报警等的电气按钮、开关都应标注控制对象。各级配电箱、开关箱中的各路开关应标注控制对象,一、二级配电箱还应在箱门处粘贴控制电路图。

（7）各种压力表,应在表盘玻璃面罩上使用红色标注压力上限位置。

（8）盛装危险化学品的容器应分类摆放，并设置危险化学品安全技术说明书和安全标签，包括危险化学品名称、主要危害及安全注意事项等基本信息。

3. 工用（器）具目视化管理

（1）工具目视化管理的对象主要指在使用前需进行专业培训、具有操作资格才能使用的、使用时具有危险能量存在容易造成伤害的工用（器）具，特指脚手架、压缩气瓶、小型移动式发电机、电焊机、炊事机具、检测仪器、电动工具、手动起重工具、气动（液压）工具、便携式梯子等。不包括铁锹、管钳、千斤顶、螺丝刀、桌椅、掩木、直（卷）尺等。应通过属地责任牌和色标、标识等工用（器）具的状态和责任人。

（2）所有工具启用时必须进行检测，长期使用的必须每月进行一次检查或测试，检查或测试应有检查表。检查测试合格后，应将有检测日期的不同颜色标签，粘贴于工具的开关或其他明显位置。未粘贴标签，表明该工具检测不合格或未检测。不合格、标签超期及未贴标签的工具不得使用。所有工具的使用者必须在使用工具前再次进行外观检查。

（3）所有自制工用（器）具均应进行安全性能确认，粘贴检测合格标签后方可使用。

（4）压缩气瓶的外表面涂色以及有关警示标签应符合 GB 7144《气瓶颜色标志》、GB 16804《气瓶警示标签》等有关标准的要求，同时还应采用标牌标明气瓶的状态。

（5）施工单位在安装、使用和拆除脚手架的作业过程中，应使用标牌标明脚手架是否处于完好可用、禁用、限制使用等状态。脚手架使用过程中应定期检查，确认脚手架的状态。

（6）所有工用（器）具，包括本细则规定之外的均应实行定置管理。

4. 作业区域目视化管理

（1）作业区域目视化包括办公场所和作业区域属地目视化标牌、警示或指示标线、指示标识、安全隔离、定置定位标识等。

（2）安全标志设置执行 GB 2894《安全标志及其使用导则》、SY 6355《石油天然气生产专用安全标志》，并在区域的入口处和其所指示的目标物附近等明显位置规范设置。

（3）存在职业病危害因素的固定作业场所，应按 GBZ 158《工作场所职业病危害警示标识》的要求，参照 GBZ/T 203《高毒物品作业岗位职业病危害告知规范》的内容，在醒目位置设置职业病危害因素告知卡。

（4）生产作业区域的消防通道、逃生通道、逃生设施、紧急集合点等的指示标识应清晰醒目，易于识别。紧急集合点应设置在建筑物高度的 1.5 倍距离之外。

（5）应使用红、黄指示线划分固定生产作业区域的不同危险状况。红色指示线警示有危险，未经许可禁止进入；黄色指示线提示有危险，进入时注意。

（6）库房、作业现场等场地各类物资、物品分类摆放，张贴标签。

（7）有巡检要求的场所，应在各巡检点位设置巡检钟，有条件的可用电子巡检钟代替。

（8）应根据施工作业现场的危险状况，使用围绳（安全专用隔离带）或围栏进行安全隔离，并由隔离者在围绳及围栏上挂上标签以明确隔离相关信息。隔离分为警告性隔离、保护性隔离：警告性隔离适用于临时性施工、维修区域、安全隐患区域（如临时物品存放区域等）以及其他禁止人员随意进入的区域。实施警告性隔离时，应采用专用隔离带标识出隔离区域，挂红色警告标签，未经许可不得入内。保护性隔离适用于容易造成人员坠落、有毒有害物质喷溅、路面施工以及其他防止人员随意进入的区域。实施保护性隔离时，应采用围栏标识出隔离区域，黄色警示标签。

（9）专用隔离带、围栏应在夜间容易识别。隔离区域应尽量减少对外界的影响，对于有喷溅、喷洒的区域，应有足够的隔离空间。所有隔离设施应在危险消除后及时拆除。

（10）生产作业现场长期使用的机具、车辆（包括厂内机动车、特种车辆）、消防器材、逃生和急救设施等，应实行定置管理。

定置管理是指生产使用的机具、车辆、消防器材、工具、急救设施、便携式仪器等物件，应根据需要放置在指定的位置，并做出标识（可在周围画线或以文字标识），标识应与其对应的机具、车辆、器材、设施相符，并易于辨别。

（二）实施要求

（1）目视化的各种安全色、图形、文字或符号的使用应符合 GB 2894《安全标志及其使用导则》等国家和行业有关标准的要求，并考虑夜间环境，以满足需要。

（2）标签、标牌应简单、醒目，不影响正常作业。用于喷涂、粘贴于设备设施上的安全色、标签、标牌等不能含有对设备本体性能有腐蚀性的物质。

（3）安全色、标签、标牌等应定期检查，以保持整洁、清晰、完整，如有变色、脱落、残缺等情况时，应及时重涂或更换。

（三）思考题

物探队目视化工作监督时应该关注哪些内容？如何实施监督？

三、上锁挂签

上锁挂签是指在设备上工作时，选择关键点将危险能量进行隔离，并采取上锁、挂签、清理、测试等措施，以防止误操作造成事故发生。

（一）范围

物探队上锁挂签常用于临时用电、设备维修作业。

(二)实施步骤

1. 辨识

在隔离、上锁挂签前,应辨识所有危险能量和物料的来源及类型,编制上锁清单(表4–3)。

表4–3 上锁清单

单位		作业内容		上锁人员	
上锁方式		作业时间			
序号	危险能量(物料)		隔离方式	上锁部位	上锁挂签顺序
1					
2					
…	…				

2. 隔离

根据危险能量和物料性质及隔离方式选择相匹配的断开、隔离装置进行隔离。可移动的动力设备(如燃油发动机、发动机驱动的设备)应用可靠的方法(如去除电池、电缆、火花塞电线或相应措施)使其不能运转。

3. 上锁挂签

根据上锁清单,对已完成隔离的隔离设施选择合适的锁具、填写警示标签,对上锁点上锁挂签。

4. 确认

上锁挂签后,应进行测试,并试启动以确认危险能量或物料被有效隔离或去除。

5. 实施作业

确认危险能量被有效隔离后,方可开始作业。作业完成后进行人员、物料、工具清理,清理完后进行开锁。

6. 开锁

开锁分正常开锁和非正常开锁:

(1)正常开锁。上锁者本人进行的开锁。

(2)非正常开锁。上锁者本人不在场或没有开锁钥匙时,且其警示标签或安全锁需要移去时的开锁。

(三)实施要求

(1)各级属地主管负责对其下属员工进行本方案的培训,确保属地内相关员工都理解上锁挂签的内涵和掌握上锁挂签的方法;负责监督指导进入其属地区域工作的其他员工及承包商等执行上锁挂签的要求。

(2)在开始工作前,参与作业的所有人员必须确认隔离已到位并执行上锁挂签。与隔离点有关的人员应及时沟通上锁挂签的动态,整个工作期间应始终保持上锁挂签。

(3)上锁挂签应由作业者本人进行操作,并保证锁具和标签置于正确的位置。特殊情形下,本人上锁有困难时,应在本人目视下由他人代为上锁。

(4)作业人员对隔离、上锁的有效性有怀疑时,应对所有的隔离点再做一次测试或增加额外的隔离并上锁挂签。

(5)上锁必挂签。上锁时,随锁附上"危险,禁止操作"的警示标签。在特殊情况下,如特殊尺寸的阀或电源开关无法上锁时,经属地主管确认并书面批准后,可只挂上警示标签,而不用上锁,但应采用其他辅助手段,达到与上锁相当的要求。

(6)按钮、选择开关和其他控制线路装置不能作为危险能量隔离装置。

(四)上锁、开锁和锁具标签的管理

1. 安全锁分类

按使用功能分为两类:

(1)个人锁:只供个人专用的安全锁。

(2)集体锁:现场共用的安全锁,并包含有锁箱。防爆区域使用的锁具应符合防爆要求。

2. 上锁方式

分为个人上锁和集体上锁。

(1)个人上锁。

个人上锁是指单人作业时对隔离点的上锁。有两种形式:单个隔离点的上锁和多个隔离点的上锁。

① 对于单个隔离点,设备所属单位操作员和维修作业人员用各自个人锁直接锁住隔离点即可。

② 对多个隔离点,设备所属单位操作人员使用集体锁对所有隔离点上锁,上锁后将集体锁的钥匙集中存放在锁箱中,再由设备所属单位操作人员和维修作业人员用各自个人锁对锁箱上锁。

(2)集体上锁。

集体上锁是指两人或两人以上共同作业时对隔离点的上锁。有两种形式：多人对单个隔离点的上锁和多人对多个隔离点的上锁。

① 多人共同作业对单个隔离点的上锁有两种方式：一是所有作业人员和操作人员将个人锁锁在隔离点上；二是用集体锁锁住隔离点，集体锁钥匙放置于锁箱内，所有相关人员在锁箱上上锁。

② 多人共同作业对多个隔离点的上锁，用集体锁分别锁住隔离点，所有集体锁钥匙共同放置于锁箱内，所有相关人员在锁箱上上锁。

3. 开锁

（1）正常开锁。

① 作业完成后，操作人员确认设备、系统符合运行要求，上锁人员亲自开锁，他人不得替代。

② 集体锁的开锁，操作人员最后一个开锁箱，然后解除集体锁及标签。

（2）非正常开锁。

上锁人员不在现场或没有钥匙时，在获得正式授权后开锁。拆锁程序应满足以下两个条件之一：

① 经上锁人员允许。

② 经操作单位和维修单位双方主管确认下述内容后方可拆锁：

——确知上锁的理由；

——确知目前工作状况；

——检查过相关设备；

——确知解除该锁及标签是安全的。非正常开锁应填写移去个人锁具确认书。

4. 锁具、标签的管理

涉及电气维修和机械设备维修的人员应配备个人锁，钥匙归个人保管并标明使用人姓名，个人锁不得相互借用；除此之外根据实际情况还需准备一定数量的临时锁，临时锁应进行编号管理，供相关操作人员临时使用，在临时使用时应获得属地主管许可并及时记录，在临时锁上标明使用人姓名，钥匙归个人保管，不得相互借用。使用完毕应及时办理归还手续。

当需要多点锁定时，应使用集体锁。在锁箱的上锁清单上标明上锁的系统或设备名称、编号、日期、原因等信息，锁和钥匙应有唯一对应的编号；集体锁应由属地主管指定人员集中保管。

警示标签的设计应与其他标签有明显区别。警示标签应包括标准化用语（如"危险，不许操作"或"危险，未经授权不准去除"）。警示标签应标明员工姓名、上锁日期、地点及理由。

警示标签不能涂改,一次性使用。

警示标签除了用于指明控制危险能量和物料的上锁挂签隔离点外,不得用于任何其他目的。

如果保存有备用钥匙,应制定有备用钥匙控制程序,备用钥匙只能在非正常拆锁时使用,其他任何时候,除备用钥匙保管人外,任何人都不能接触到备用钥匙。

(五)思考题

物探队上锁挂签实施情况?监督时应该关注哪些内容?如何实施监督?

四、安全观察与沟通

安全观察与沟通是HSE管理的一项工具方法,通过安全观察与沟通能够践行有感领导,及时纠正不安全行为,掌握现场状况,启发员工安全意识,分析观察与沟通数据,为建立安全生产预警机制提供依据。

(一)定义

1. 安全观察

指对正在工作的操作岗员工行为及作业现场进行短时间查看,以确认有关任务是否在安全地进行、现场设备设施及工作环境等是否处在安全状态。

2. 沟通

指观察者与被观察者通过平等的互动交流探讨发现的不安全行为与物(环境)的不安全状态及其产生的原因,提出改进措施,寻求改善安全管理的方法,并向被观察者传递安全理念、体现有感领导的活动。

3. 不安全行为

指可能造成人员伤害或其他事故的行为。主要包括操作错误、使用不安全设备、不正确地使用工具或使用不适用的工具、用手代替工具操作、冒险进入危险场所、身处不安全位置或环境,未使用或未正确使用劳动防护用品等。

4. 不安全状态

指可能导致人员伤害或其他事故的物质条件和环境状况。如:安全装置失效、设备设施缺陷和作业环境不良等。

(二)要求

(1)野外作业基层单位领导、有操作岗位的固定场所和科研基层单位领导、HSE管理人员须开展安全观察与沟通活动;地震队放线班、钻井班等人员较多班组的班长须开展安全观察与沟通活动。

（2）基层单位领导和班长有计划地开展安全观察与沟通，HSE管理人员随机开展。活动频次至少每两周一次。

（3）有计划的安全观察与沟通通常由小组执行，小组1～3人，随机的安全观察与沟通由单人或多人执行。安全观察与沟通不得由他人代替。

（4）野外作业单位在项目开工前编制安全观察与沟通计划。其他固定场所、科研单位每年初编制安全观察与沟通计划。编制安全观察与沟通计划时，除考虑在观察者本人的属地进行外，还应考虑不同岗位、不同区域的交叉，必要时也可以跨属地开展。计划要均匀地覆盖所属各班组、岗位及所有作业区域和班次，并覆盖不同的时段，如夜班、超时加班等。计划表见表4-4。

表4-4 安全观察与沟通计划表

管理者	1月				2月				3月				4月				5月				6月				……	实际完成时间	实际完成次数	备注
	第一周	第二周	第三周	第四周	第一周	第二周	第三周	第四周	第一周	第二周	第三周	第四周	第一周	第二周	第三周	第四周	第一周	第二周	第三周	第四周	第一周	第二周	第三周	第四周				
…																												
工作区域																												
工作区域代号	1				2				3				4				5				6				……			

（5）观察人应及时安全地制止不安全行为，并与被观察工作人员针对不安全现象进行讨论、分析，就改进事项达成共识。

（6）沟通时应认真听取员工的意见和建议，同时启发员工对其他安全问题发表自己的见解。

（7）观察人完成安全观察与沟通离开现场后,填写安全观察与沟通记录表(见表4-5),将记录表交 HSE 管理人员,并与现场负责人就安全观察与沟通的情况交换意见。现场负责人负责对改进事项的跟踪纠正、对员工承诺的验证、对员工建议的分析采纳。

表 4-5　（单位名称）安全观察与沟通记录表

日期：　　　起止时间：　时　分至　时　分　　区域或活动：　　　观察人(签名)：

观察项目	人的行为		物的状态			作业环境	管理	
	员工反应〇	员工位置〇	防护装备〇	工具与设备〇	人机工程〇	环境整洁〇	人员管理〇	制度与程序〇
存在问题	□调整个人防护装备 □改变原来位置 □重新安排工作 □停止工作 □接上地线 □上锁挂签 □其他	□被撞击 □被夹住 □高处坠落 □绊倒或滑倒 □接触极端高温的物体 □触电 □接触、吸入或吞食有害物质 □接触转动设备 □搬运负荷过重 □接触振动设备 □其他	□缺少防护用品 □防护装置、设施存在缺陷 □防护距离不够 □未正确使用 □其他	□不适合该作业 □未正确使用工具和设备 □工具和设备本身不安全 □其他	□不符合人机工程学 □重复的动作 □躯体位置 □姿势 □工作场所 □工作区域设计 □工具和把手 □照明 □噪声 □其他	□作业区域是否整洁有序 □工作场所是否井然有序 □材料及工具的摆放是否适当 □工作场地、通道狭窄 □其他	□机构与人员设置不合理 □培训不到位 □为正确开展能力评价 □其他	□没有建立 □不适用 □不可获取 □员工不知道或不理解 □没有遵照执行 □其他
观察发现	好的方面描述： 共　　项					不安全行为或状态描述： 共　　项		
员工意见和建议：								

备注：如果观察项目未发现问题,请在观察项目后的"〇"内划"√";如果观察项目存在问题,请在观察项前的"□"划"√"并在观察项后注明次数;未涉及项划"—";属于"存在问题"中"其他"类的观察项目,在横线处注明问题类别。

（8）HSE 管理人员随机地进行安全观察与沟通,和有计划执行的安全观察与沟通结果进行对比分析,向基层单位领导提出改进建议。

（9）基层单位领导依据安全观察与沟通结果及 HSE 管理人员建议,研究制订改进计划,并组织实施。

（10）按计划实施的安全观察与沟通数据应在 10 个工作日内录入到中国石油 HSE 信息系统,物探项目实施单位还应同时录入公司项目管理系统。

（11）基层单位应每月填写《安全观察与沟通结果统计表》(表 4-6),报上级单位 HSE 管理部门;二级单位 HSE 管理部门进行统计分析,统计分析结果每月报本级 HSE 管理委员会或 HSE 领导小组及上级 HSE 管理部门。

表 4-6　　（单位名称）　安全观察与沟通结果统计表

（　年　月）：

（　）月	观察与沟通区域	观察与沟通时长(分钟)	安全项目数量	不安全项目数量								每小时不安全项目次数
				人的反应	人员的位置	防护装备	工具与设备	人机工程	环境整洁	人员管理	制度与程序	合计	
第一周													
第二周													
第三周													
第四周													
合计													

（三）思考题

（1）物探队安全观察沟通实施情况？

（2）监督时应该关注哪些内容？如何实施监督？

五、工作循环检查

工作循环检查(简称 JCC)是以操作主管(一般是班组长或小组长)和员工合作的方式对已经制订的操作程序和员工实际操作行为进行分析和评价的一种方法。

（一）范围及定义

（1）应用于物探队所有的操作、施工和维修作业。

（2）关键设备设施是指在运行过程中安全风险较大,容易发生事故或一旦发生事故将造成严重危害的设备设施,如民爆物品储运设备设施、燃料储运设备设施、运输车辆、钻机、可控震源、起重设备、供变电设施、采暖锅炉、电梯等。

（3）关键作业是指可能对个人或组织带来重大危害和影响的生产操作,或者与关键设备设施有关联的活动。如钻井、包/下药等作业。

（二）实施

（1）工作循环检查实施计划报基层单位负责人批准后，由指定的工作循环检查负责人组织实施。物探队项目初期进行一次工作循环检查。

（2）所有的关键作业程序每年/项目至少分析一次，每名关键作业员工每年/项目至少参与一次工作循环检查。

（3）当发现关键作业没有相应操作程序时，基层单位负责人应组织建立相应的操作程序。

（4）在现场评估前操作主管应与其员工进行沟通交流，了解员工对操作程序的理解程度，讨论目前该作业实际操作与书面操作程序的差异，验证操作程序的完整性和适用性，并填写工作循环检查评估表（参见表4-7）。沟通交流的主要内容包括：

① 需要的个人防护用品及完好状态；

② 需要的工具及完好状态；

③ 执行操作程序涉及的一些关键安全要求；

④ 操作程序中是否已包含该安全要求；

⑤ 执行该操作程序能否使工作安全、有效地进行。

（5）若员工第一次进行工作循环检查，操作主管应事先向员工解释工作循环检查的目的、作用和实施步骤。

（6）现场评估时，操作主管和员工到达现场，由员工实施操作。操作主管应记下员工的实际操作步骤、实际操作与操作程序的偏差以及操作程序本身的缺陷和潜在风险。

（7）现场评估结束后，操作主管应将操作人员实际操作步骤与操作程序的偏差、操作程序本身存在的缺陷和潜在的风险，以及其他不安全事项和相应的改进建议等相关内容填入工作循环检查评估表。不安全事项包括：

① 打击危害；

② 不安全进入受限空间；

③ 设备缺陷；

④ 缺乏所需要的设备、工具、仪器；

⑤ 没有逃生路线或逃生路线被堵塞；

⑥ 没有足够的空间实施工作；

⑦ 缺少现场隔离措施；

⑧ 环境危害；

⑨ 其他不安全行为和不安全状态。

表 4-7 工作循环检查评估表

操作程序名称：　　　　　　　　班组长：　　　　　　　操作人员：

沟通交流时间：	
沟通交流内容	详细说明
防护设备：　足够 □　不足 □ 　　　　　　完好 □　有缺陷 □	
工具获得：　容易 □　不易 □	
工具适用性：适用 □　不适用 □	
安全要求：　知道 □　不知道 □	
操作程序：　适用 □　不适用 □	
建议：	
现场评估时间：	

序号	操作步骤	偏差关键点	程序缺陷与潜在风险

修订建议		
序号	建议内容	提出人

填写人：　　　　　　审核人：　　　　　　　　日期：　年　月

在现场评估过程中发现有隐患应立即整改（包括现场隐患和操作程序缺陷），整改不了的应采取控制措施。

（8）操作主管和员工应根据沟通交流和现场评估情况，将观察到的不一致项、修订操作程序的建议、隐患整改措施等进行讨论，确认修订建议，并将建议和提出人填入工作循环检查评估表。

（9）当有修订建议时，操作主管应及时交工作循环检查负责人审核，并经基层单位负责人批准后报上一级主管部门。

（10）如果通过验证操作程序是完备的，属地主管应组织相应的操作员工进行培训。

（11）班组长应为关键作业岗位员工建立工作循环检查历史记录，填写工作循环检查历史记录表。工作循环检查历史记录表参见表 4-8。

表 4-8 工作循环检查历史记录表

序号	操作人员	验证的操作程序	执行日期	执行情况	备注
1					
2					
3					
4					
5					
6					
7					
8					
9					
10					
11					
12					
13					
14					
15					

班组长：　　　　　　　　　　　　　　　　　　　　　　　　　　年　　月　　日

（12）工作循环检查负责人应建立工作循环检查记录档案，内容包括：工作循环检查计划、工作循环检查评估表、工作循环检查历史记录、上报的资料。

（13）工作循环检查的结果应作为制修订操作程序的依据。

（14）当作业程序修订后，各属地主管应组织相应操作人员进行培训。

（三）实施要求

（1）基层单位要指定工作循环检查负责人，负责建立本单位操作程序清单，制订工作循环检查实施计划，并具体组织实施。覆盖范围包括全部关键作业及从事关键作业的员工。

（2）基层单位班组长负责本属地的工作循环检查。

（四）思考题

（1）物探队工作循环检查实施情况？

（2）监督时应该关注哪些内容？如何实施监督？

附 录

一、安全监督报告、报表

(一)监督日志

安全监督日志

项目名称		天气		时间	××年××月××日
施工单位	××队	检查班组	×××班组	记录人	
主要工作	监督员工作开展情况记录,记录HSE监督员每日的重点工作。				
存在的问题	记录存在的隐患及对隐患的处理等情况。				
备注					

HSE监督员须从项目启动开始,每日填写《监督日志》,不得有日期空缺,字迹工整,项目监督任务结束后交安全监督中心存档。

(二)安全监督中心监督周报(六项内容)

安全监督中心监督周报(　　年)第　期
(　年　月　日——　年　月　日)

一、项目名称

二、HSE 事件

序号	事件类别	起数	数量/人数	事件描述
1	死亡事故(FAT)			
2	残疾(PTD+PPD)			
3	失时工伤事件(LWC)			
4	限工事件(RWC)			
5	医疗处理事件(MTC)			
6	急救事件(FAC)			
7	经济损失事件			
8	未遂事件(Near Miss)			
9	环境损害事件			
10	职业中毒/职业病			

三、信息反馈情况

	本周	累计(年)	备注
发出隐患整改通知单(份)			
发出备忘录(份)	本周	累计(年)	备注

四、隐患识别与整改

（说明：重大级别的危害因素用红色背景，较大级别中问题较为严重的用黄色背景，没有整改完成的隐患用蓝色背景标出。）

单位	基层单位	项目名称	监督员姓名	因素名称			班组	危害因素具体描述	原因分析	实际风险削减措施（物探队填写）	隐患发现日期	隐患类别	因素级别	整改效果评价
				一级	二级	三级								

五、HSE 重点工作落实

单位	基层单位	项目名称	监督员姓名	物探队周 HSE 工作总体评价及公司重点工作落实	备注

六、周计划

监督员	单位	基层单位	项目名称	主要作业及风险	周五	周六	周日	周一	周二	周三	周四
张三	××处	×××队	××项目		具体每天工作重点计划						报周报

(三) HSE 监督备忘录

HSE 监督备忘录

编号:(201×—1)

项目名称		日期	
施工单位		作业班组	
检查部位		现场人员	
情况描述	现场基本情况与隐患描述:		
处理意见	包括建议风险消减措施、整改建议等:		
被检查单位负责人: 日期:201×—×—×			监督签字: 日期:201×—×—×

本表一式二份,物探队、驻队监督各留一份。

(四) 隐患整改通知单

隐患整改通知单

编号:(20××—×)

作业单位	×××物探队	检查部位	班组或具体场所
隐患描述:			
处理意见:包括建议风险消减措施、整改建议等			
被检查单位负责人: 日期:201×—×—×		监督签字: 日期:201×—×—×	
备注:			

本表一式两份,驻队监督、项目施工单位各留一份。

（五）HSE 现场检查表

HSE 现场检查表

检查人：　　　　被监督单位：　　　　日期：　　　　编号：

检查场所			现场负责人		
序号	检查内容		检查结果		检查结果处置
			符合	不符合	
	备注：				

保存部门（或单位）：安全监督中心　期限：3 年

（六）××物探队监督管理方案

目录

1 项目概况
1.1 基本情况
1.2 自然环境
1.3 地表及地下设施
1.4 社会人文
1.5 行政许可与区域准入
1.6 人员配置
1.7 设备设施配备
1.8 营地情况
1.9 项目难点

2 监督依据

3 监督方式和程序
3.1 方式
3.2 工作流程
3.3 工作程序

4 监督内容

5 时间安排

6 施工各阶段监督重点
6.1 施工初期
6.2 施工阶段
6.3 收工阶段
6.4 高危作业进行旁站监督

7 变更情况说明

8 记录

9 附监督管理方案要求

监督管理方案要求：

××××队 HSE 监督工作方案

1 项目概况

1.1 基本情况

包含但不限于以下内容：工区位置、工作量、施工方法、施工参数、施工时间等。

1.2 自然环境

包含但不限于以下内容：气象气候、地质地表、环境敏感区（自然保护区、饮用水源保护区、动植物保护区、风景名胜、文物保护单位等）、致害动植物、灾情、疫情等。

1.3 地表及地下设施

包含但不限于以下内容：管线管网、军用设施、工业设施、公用设施、居民区及私人设施等。

1.4 社会人文

包含但不限于以下内容：行政区划、区域规划、道路交通、社会安保、农作物/经济作物/养殖、政府及相关方要求、人文情况（民族、文化、语言、民风民俗、宗教信仰、禁忌事由）、外部依托（医疗资源、联防依托、材料供给、水电、通讯、气象服务、废弃物处置服务）等。

1.5 行政许可与区域准入

施工区域需要到当地政府办理行政许可和准入的审批事项，证件和手续的办理情况。

1.6 人员配置

包含但不限于以下内容：职工人数；季节工人数，季节工来源及构成情况；承包商名称及人数；班组人数；HSE 管理小组，特种作业人员，持证上岗人员等关键人员明细表（包含：姓名、民族、年龄、从事本岗位时间、证书类别、证书号、有效期等）等。

1.7 设备设施配备

包含但不限于以下内容：主要生产设备投入情况；关键应急设备设施配置情况等。

1.8 营地情况

营地分布，营地布局及功能描述，自建还是租用，取暖方式，用电方式等。

1.9 项目难点

2 监督依据

（1）《HSE 管理体系适用法律法规和其他要求手册》中与项目相关的法律法规、标准、规章制度。

（2）《HSE 管理体系适用法律法规和其他要求手册》中未包含，但与项目相关的法律法规、标准、规章制度(列表)。

(3)与项目相关的当地政府的要求和行政许可事项(列表)。

3　监督方式和程序

方式:现场检查(明察、暗查);人员访谈;查阅资料(文字、视频、APP);高危作业现场旁站监督。

工作流程:接受任务,前期准备,编写方案,开工验证,监督实施,交流跟踪,监督总结。

工作程序:发现问题,沟通确认,信息传递,跟踪整改,验证关闭。

一般问题下发"HSE隐患报告单",限期整改;重要隐患下发"备忘录",强制限期整改;特大隐患下发"重大隐患整改通知单",必要时停止作业。

4　监督内容

包括但不限于以下内容:危害因素辨识、风险评估、控制措施制订情况,目标和指标设置,作业计划、管理方案编制,组织结构设置和职责落实,资源配置,培训和能力评估,营地建设,工序控制,危险化学品管理、交通管理等其他专项管理,承包商管理,作业许可管理,应急管理,营地拆迁,人员遣散等。

5　时间安排

结合队上的生产计划制定。

6　施工各阶段监督重点

提示:监督重点内容要体现中高风险管控,符合项目实际情况。

6.1　施工初期

(1)危害因素辨识、风险评估、控制措施制订情况。

通过本人工区踏勘及对项目风险情况的了解,描述本项目存在的中、高风险,评估物探队制订的中、高风险控制措施是否可行且有效,并列出有效的高风险控制措施。

(2)目标和指标。

重点关注:全面性,符合上级要求和实际情况。

(3)管理方案(作业计划、搬迁计划等)。

重点关注:列举现有方案;方案是否齐全;方案内容是否明确责任人,控制措施是否有效,应急是否有效等。

(4)组织结构和职责。

重点关注:分工明确,无交叉、遗漏;如:水域钻井负责人及职责,水域采集负责人及职责,营地负责人及职责等。

(5)资源配置。

重点关注:

人:关键岗位,特种作业人员种类,资质,人数。财:安技措投入。物:设备设施等。

(6)能力培训和意识。

重点关注:安全环保履职能力评估开展情况;培训全面性,针对性,有效性;如:水域作业,山地作业,山地交通,高原等。

(7)应急预案。

重点关注:列举预案名称;是否涵盖高风险作业;人员资质是否满足;应急响应流程是否通畅;现场处置程序是否符合实际;演练效果等。

(8)营地建设。

重点关注:电路布局,负荷情况,接零接地情况,触电防护;消防设施配置;民爆物品储存库,临时油库,发配电房,充电房,机修点,检波器检修点,食堂等设置是否符合要求;涉及的许可作业等。

6.2 施工阶段

(1)测量。

关注点:测量草图中地表地下建筑物、管线等标注情况,自然灾害防范,交通安全,山地、水域等复杂区域作业安全等。

提示:其他工序及专项管理关注点参照《物探项目工序 HSE 风险控制指南》及"双重性预防"机制建设成果编写。

(2)钻井。

(3)表层调查。

(4)震源。

(5)放线。

(6)采集。

(7)清线。

(8)民爆物品管理。

(9)交通安全管理。

(10)消防安全管理。

(11)用电安全管理。

(12)食品安全管理。

（13）安保防恐管理。

（14）承包商管理。

（15）环境保护管理。

（16）职业健康管理。

（17）事故事件管理。

6.3　收工阶段

（1）营地拆迁。

（2）人员遣散。

（3）设备搬迁。

6.4　高危作业进行旁站监督：

提示：根据下列要求列出本项目可能涉及的需要旁站监督的作业，标明旁站监督的关注重点。

（1）营地建设吊装作业、临时用电、动火作业、高处作业，了解作业时间，进行旁站监督。

（2）测量、钻井、放线、采集、清线等环节涉及的自然环境、社会环境、地形地貌等导致作业风险加大时，作业前要审查作业方案，JSA 开展情况及控制措施有效性，第一次作业要现场旁站监督。

（3）涉及的新设备、工艺、技术、材料等四新作业，作业前审查操作流程，JSA 开展情况及控制措施有效性，第一次作业要现场旁站监督。

7　变更情况说明

具体变更体现在周监督计划。

8　记录

（1）检查记录。

（2）会议记录。

（3）备忘录、隐患整改通知单及整改回复。

（4）周报。

（5）事故事件报告。

（6）监督日志。

（7）图片库。

（8）监督总结。

提示：海上勘探项目和非地震勘探项目参照本方案及实际项目施工工序制订监督工作方案。

(七)事件、事故记录

事件、事故记录表

编号：

单位		物探队		项目名称	
所处地理位置		工况		发生区域	
发生时间		汇报时间		汇报人	
事件、事故简要经过					
安全监督采取的措施					

(八)××××项目安全监督工作情况总结(封皮)

×××××项目名称

HSE 监督工作总结

施工单位：
编 写 人：

东方公司安全监督中心

20×× 年 ×× 月 ×× 日

××××项目安全监督工作情况总结(内容)

目录

一、项目概况

1. 工区位置

2. 工作量及施工参数

3. 项目运行情况

二、监督方式和程序

三、监督内容与时间安排

四、监督实施情况

五、经验做法、工作中的不足及改进措施

二、引用法律法规、制度、规程、标准、规范目录

(一)法律法规、制度

序号	文件号	法律法规、制度名称
1	主席令第 30 号,2010 年	《中华人民共和国石油天然气管道保护法》
2	主席令第 47 号,2011 年	《中华人民共和国道路交通安全法》
3	主席令第 9 号,2014 年	《中华人民共和国环境保护法》
4	主席令第 13 号,2014 年	《中华人民共和国安全生产法》
5	主席令第 28 号,2015 年	《中华人民共和国文物保护法》
6	主席令 12 届第 47 号,2016 年	《中华人民共和国野生动物保护法》
7	主席令第 48 号,2016 年	《中华人民共和国水法》
8	主席令第 57 号,2016 年	《中华人民共和国公路法》
9	主席令第 57 号,2016 年	《中华人民共和国固体废物污染环境防治法》
10	国务院令第 204 号,1996 年	《中华人民共和国野生植物保护条例》
11	国务院令第 591 号,2013 年	《危险化学品安全管理条例》
12	国务院令第 639 号,2013 年	《中华人民共和国铁路安全管理条例》
13	国务院令第 653 号,2014 年	《民用爆炸物品安全管理条例》
14	卫生部/国家劳动总局,1979 年	《工业企业噪声卫生标准(试行草案)》
15	公安部令第 6 号,1990 年	《仓库防火安全管理规则》
16	科工爆第 156 号,2001 年	《爆破器材运输车安全技术条件》
17	安监总局令第 62 号,2013 年	《非煤矿山外包工程安全管理暂行办法》
18	安监总局令第 25 号,2015 年	《海洋石油安全管理细则》
19	安全〔2009〕552 号	《中国石油天然气集团公司安全目视化管理规范》
20	中油安〔2010〕287 号	《中国石油天然气集团公司安全监督管理办法》

(二)规程、标准、规范

序号	标准号	标准名称
1	GB/T 2828.1	《计数抽样检验程序 第1部分:按接收质量限(AQL)检索的逐批检验抽样计划》
2	GB 2894	《安全标志及其使用导则》
3	GB 5749	《生活饮用水卫生标准》
4	GB 6722—2014	《爆破安全规程》
5	GB 7144	《气瓶颜色标志》
6	GB/T 12801—2008	《生产过程安全卫生要求总则》
7	GB/T 13869—2008	《用电安全导则》
8	GB 14934—1994	《食(饮)具消毒卫生标准》
9	GB 16804	《气瓶警示标签》
10	GB 19193—2003	《疫源地消毒总则》
11	GB 50016	《建筑设计防火规范》
12	GB 50140	《建筑灭火器配置设计规范》
13	GBZ 1—2010	《工业企业设计卫生标准》
14	GBZ 2.1	《工作场所有害因素职业接触限值 第1部分 化学有害因素》
15	GBZ 2.2	《工作场所有害因素职业接触限值 第2部分 物理因素》
16	GBZ 158	《工作场所职业病危害警示标识》
17	GBZ/T 192.1—2007	《工作场所空气中粉尘测定 第1部分:总粉尘浓度》
18	GBZ/T 203	《高毒物品作业岗位职业病危害告知规范》
19	GA 837	《民用爆破物品储存库治安防范要求》
20	GA 991—2012	《爆破作业项目管理要求》
21	AQ 2012—2007	《石油天然气安全规程》
22	SY 5857—2013	《石油物探地震作业民用爆炸物品管理规范》
23	SY/T 6156	《气枪震源使用技术规范》
24	SY/T 6276—2014	《石油天然气工业健康、安全与环境管理体系》
25	SY 6349—2008	《地震勘探钻机作业安全规程》
26	SY 6355	《石油天然气生产专用安全标志》
27	Q/SY 1124.1—2012	《石油企业现场安全检查规范第1部分:物探地震作业》

续表

序号	标准号	标准名称
28	Q/SY 1238—2009	《工作前安全分析管理规范》
29	Q/SY 1240–2009	《作业许可管理规范》
30	Q/SY 1243—2009	《管线打开安全管理规范》
31	Q/SY 1247—2009	《挖掘作业安全管理规范》
32	Q/SY 1307—2010	《野外施工营地卫生和饮食卫生规范》
33	Q/SY 1367—2011	《通用工器具安全管理规范》
34	Q/SY 1368—2011	《电动气动工具安全管理规范》
35	Q/SY 1431—2011	《防静电安全技术规范》
36	Q/SY 08313—2016	《物探作业民爆物品安全管理规范》
37	Q/SY BGP·G0202—2017	《陆上物探队健康、安全、环境管理规范》
38	Q/SY BGP·G0204—2015	《滩海物探队健康、安全、环境管理规定》
39	Q/SY BGP·G0211—2016	《员工个人劳动防护用品管理及配备规定》
40	Q/SY BGP·G0214—2013	《餐饮经营单位卫生管理规定》
41	Q/SY BGP·G0216—2017	《职业健康管理规定》
42	Q/SY BGP·G0223	《电力安全工作规定》
43	Q/SY BGP·G0224—2015	《用电安全管理规定》
44	Q/SY BGP·G0237	《消防安全管理规定》
45	Q/SY BGP·K2730	《Diamondback 空气船操作维护保养规程》
46	Q/SY BGP·K2752	《YAMAHA 船外机橡皮艇操作维护保养规程》
47	BGP·DG/HSE/THZY 5.515—33	《挂机手岗位作业指导书》
48	BGP·DG/HSE/THZY 5.515—51	《滩涂钻工岗位作业指导书》
49	BGP·DG/HSE/THZY 5.515—53	《滩涂爆炸工岗位作业指导书》
50	BGP·DG/HSE/THZY 5.515—54	《滩涂放线工岗位作业指导书》
51	BGP·DG/HSE/THZY 5.515—57	《滩海空气船操作手岗位作业指导书》
52	BGP·DG/HSE/THZY 5.515—58	《滩海测量导航员岗位作业指导书》